储气库综合评价与优化技术

杨 钊 高 涛 刘承婷 编著

U0263343

中国石化出版社

图书在版编目(CIP)数据

储气库综合评价与优化技术 / 杨钊等编著 . —北京：
中国石化出版社，2020. 11
ISBN 978-7-5114-5446-1

Ⅰ . ①储… Ⅱ . ①杨… Ⅲ . ①地下储气库–研究
Ⅳ . ①TE972

中国版本图书馆 CIP 数据核字（2020）第 225172 号

中国石化出版社出版发行

地址:北京市东城区安定门外大街 58 号
邮编:100011　电话:(010)57512500
发行部电话:(010)57512575
http://www.sinopec-press.com
E-mail:press@sinopec.com
北京科信印刷有限公司印刷
全国各地新华书店经销
*
787×1092 毫米 16 开本 9 印张 202 千字
2021 年 4 月第 1 版　2021 年 4 月第 1 次印刷
定价:45.00 元

前 言

天然气是一种优质清洁能源。使用天然气可减少煤炭和石油用量，改善环境污染问题，减缓地球温室效应。近年来我国对天然气的需求快速增长，对外依存度接近50%，供气与消费需求之间的矛盾日渐明显。地下储气库作为一种能源储备、季节调峰、平稳供气的手段，在世界各国迅速发展。我国的储气库建设和相关研究起步较晚，最初主要以枯竭油气藏型储气库和盐穴型储气库为主，随着西气东输工程的实施、陕京长输管道的建设、俄罗斯天然气的接通，天然气地下储气库进入快速发展期。

国内储气库具有构造复杂、岩性种类多、非均质性强、埋藏深、边底水发育等复杂特征，运行过程中存在多次注采交替、高压运行、气水互驱等特殊问题，因此需要对盖层密封性、储层注采能力、气水互驱特征、库容、地面规划等方面进行综合评价，从而获得科学的建库和运行方案。

本书以国内储气库地应力分析、数值模拟、室内物理模拟等研究为基础，结合国内外储气库现场经验编写而成，重点介绍储气库各种评价方法。全书较为系统地介绍了储气库盖层和断层的密封性评价方法、储气库气井注采能力、交替注采条件下水侵的影响、数值模拟技术、岩石力学分析、注采工艺、地面工程等方面。本书可供从事储气库综合评价和方案优化的技术人员阅读，也可作为科研院所、大专院校研究人员和有关专业师生学习参考资料。

本书在编写过程中参考了有关专著、教材、论文等文献，在此向这些著者、编者致以衷心的感谢。由于作者的水平所限，疏漏和失误在所难免，敬请各位专家和读者批评指正。

编者
2020 年 11 月

目 录

第一章

天然气地下储气库概况

第一节　地下储气库类型

天然气地下储气库是将长输管道输送来的天然气重新注入储层而形成的一种人工气田或气藏，一般建设在靠近天然气用户城市的附近。地下储气库具有以下优点：储存量大、机动性强、调峰范围广；投资利润率高；前期造价高，使用年限长达 50 年；运行安全系数大，安全性远高于地面储气设施。目前世界上典型的天然气地下储气库类型有以下 4 种类型：

一、枯竭油气藏储气库

枯竭油气藏储气库利用枯竭的气藏或油藏建成，是目前最常用、最经济的一种地下储气形式，具有运行稳定、成本较低、利润高等特点。该类地下储气库优点颇多，但也有不足之处，如这种地下储气库需要对注入的天然气进行干燥处理，且密封性的要求也要高于其他种类的地下储气库。目前全球共有此类储气库逾 450 座，占地下储气库总数的 70% 以上。

二、含水层储气库

含水层储气库将高压天然气注入含水层中，在含水层盖层下形成储气空间。含水层储气库是仅次于枯竭油气藏储气库的另一种大型地下储气库形式。其优点是储量大、易于在城市附近建设，但也存在勘探、建库风险高，建库难度大，垫气成本高，污染水源等缺点。目前全球共有 80 座含水层储气库，占地下储气库总数的 10% 左右。

三、盐穴储气库

在地下盐层中通过水溶解盐而形成空穴，用来储存天然气。盐穴储气库的容积远小于枯竭油气藏储气库和含水层储气库，单位有效容积的造价高、成本高，而且溶盐造穴需要花费几年的时间。但盐穴储气的优点是储气库的利用率较高，注气时间短，垫层气用量少，需要时可以将垫层气完全采出。

四、废弃矿坑储气库

利用废弃的符合储气条件的矿坑进行储气。目前这类储气库数量较少，主要原因在于大量废弃的矿坑技术经济条件难以符合要求。

第二节 国外储气库简介

截至 2018 年底，全球范围内在运行的储气库 630 座，总工作气量 $3930×10^8 m^3$，总采气能力 $70×10^8 m^3/d$。目前，地下储气库以气藏型储气库为主，占全球总工作气量的 75%；其次是含水层储气库，占总工作气量的 12%；盐穴型储气库占总工作气量的 7%；油藏型储气库为 6%。

一、美国地下储气库现状

从全世界地下储气库拥有量来看，美国是世界上拥有量最多的国家，同时也是地下储气库运行经验最丰富和设施最多的国家。由 FERC(美国能源监管委员会)的相关数据可知，美国目前在运行的地下储气库已经达到 400 多座，总的有效工作气量已达到约 $1158.45×10^8 m^3$。在美国的 400 多座地下储气库中，枯竭油藏型地下储气库和枯竭气藏型地下储气库就有 326 座，其余的主要是含水型地下储气库(43 座)以及盐穴型地下储气库(31 座)，剩下的一小部分则是废弃矿山型地下储气库。美国是世界上发展地下储气库最早的国家，南加州的储气库储量是全国最多，同时也是规模最大的，该州的地下储气库水平象征性地代表了全美国的地下储气库能力和技术水平。因此，全美国的这些天然地下储气库中基本上都是枯竭油藏型地下储气库和枯竭气藏型地下储气库，由于美国中西部地区的地质构造，中西部地区是含水层型地下储气库的主要分布场所。而在墨西哥湾靠海的几个州则适合建立盐穴型地下储气库，该类型的地下储气库主要分布在此。对于中西部和东北部，由于矿山较多，所以就利用该部分地区的废弃矿山做天然的地下储气库，同时密封性较好的岩石洞也可以考虑作为天然地下储气库，但目前还处在试验当中，尚未出现。

二、俄罗斯地下储气库现状

目前俄罗斯本国的地下储气库总储气量达 $700×10^8 m^3$，按最大日取气量 $6.2×10^8 m^3$ 计算，储量也足够支持 3 个月以上的正常用度。现在 Gazprom(俄罗斯天然气工业股份公司)主要经营着 17 座由枯竭型凝析气田发展成的地下储气库(即枯竭气藏型地下储气库)和 7 座建在水层的天然地下储气库(即水层型地下储气库)，一共有 24 座地下储气库。俄罗斯现在已基本达到 2010 年计划的 $159×10^8 m^3$ 有效容积水平，储气库周围的 312 口气井投产，目前该国在采气季节中地下储气库的日采气量已经达到 $7×10^8 m^3$ 的水平。俄罗斯在 2011 年投资约 92 亿美元的资金用来发展自己国家的地下储气库系统，有约 32 亿美元(700 亿卢布)用于对目前拥有的地下储气库进行改造。

三、加拿大地下储气库现状

世界上第一座地下储气库于 1915 年建成，地点在加拿大的韦林特。加拿大是世界上第一个实施建设地下储气库的国家，加拿大已有将近一百年建设储气库的历史了。现在加拿大总的有效工作气体量已超过了 $200×10^8 m^3$，由于加拿大地大物博，地质构造也有利于天然地下储气库的建设，目前拥有不少的地下储气库，总共有 41 座。

四、欧洲地下储气库现状

欧洲在运行的储气库共 163 座，建设中 9 座，规划 31 座。2016 年，枯竭油气藏、盐穴和含水层储气库分别为 86 座、48 座和 27 座。正在建设的枯竭油气藏储气库 5 座、盐穴储气库 4 座；规划建设的枯竭油气藏储气库 17 座、盐穴储气库 13 座、含水层储气库 1 座；关闭储气库 8 座。欧洲各国储气库数量：德国 57 座，占欧洲总数量的 35%（欧盟 39%）；此外，法国 15 座、奥地利 10 座、波兰 9 座、英国 8 座。

法国能源比较匮乏，特别是天然气，严重依赖周边或较远的能源大国。该国的第一座地下储气库在 1956 年进行建造，为含水层地下储气库，建造完成后由于其他技术方面的原因未能立即投入运营。直到 1965 年，法国的第一座地下储气库才正式投入运营。10 年后，法国政府提出了用天然气做战略储备的概念。经过近半个世纪的发展，法国目前拥有已投入运营的 2 座盐穴型地下储气库和 13 座含水层型地下储气库，总共有 15 座地下储气库，是欧洲拥有地下储气库数量最多的国家。法国天然气公司运营管理着其中的 13 座地下储气库，其余 2 座则由道达尔公司运营和管理。

作为发达国家的英国是欧洲众多国家中重要的消费国，同时由于英国能源比较丰富，也是重要的天然气生产国。有数据显示，英国 2008 年的天然气消费量为 $939×10^8 m^3$，生产量达到 $626×10^8 m^3$。英国地下储气库的发展也比较早，20 世纪 60 年代，靠近英国的北海气田的开放，促进了英国天然气工业的迅速发展，同时地下储气库设施作为当时的新兴事物出现了。英国与许多国家不同，没有把地下储气库归入国家战略储备范畴，而是基本用来调峰，但是全国的地下储气库都是由国内公司来运营管理。目前英国有 12 座地下储气库，其中 SSE 公司拥有的最多，管理着位于东约克郡的 9 座盐穴储气库；Transco 公司也运营着 2 座小型的盐穴储气库。而英国的枯竭气藏型储气库则由 Edinburgh 天然气公司和 ScottishPower 公司共同管理和运营着。

欧洲西部的德国、意大利、英国等 16 个国家总共运营着 110 座左右的地下储气库。其中德国 41 座，总的有效工作气量达到 $198×10^8 m^3$。意大利拥有 10 座，总的有效工作气量超过 $150×10^8 m^3$，日高峰供气量已超过 $29×10^4 m^3$；该国其中的 2 座储气库由 Edison S. p. A 公司管理和运营，剩下的 8 座则由 ENI S. p. A 公司运营和管理。意大利也是世界上较早建设地下储气库的国家，1964 年在 Cortemaggiore 建成了国内第一座地下储气库。近年来，意大利为了应对严寒季节，同时减少对能源大国进口天然气的依赖，决定把 5 个废弃的天然气田改造成地下储气库。

欧洲 2018 年储气库总工作气量约为 $1600×10^8 m^3$，在建工作气量 $15×10^8 m^3$。欧盟国家储气库总工作气量 $1080×10^8 m^3$，在建工作气量 $15×10^8 m^3$，2025 年工作气量将达 $1200×10^8 m^3$。

2018 年德国拥有欧盟最大工作气量约为 $250\times10^8m^3$。乌克兰是欧洲最大储气国，工作气量达到 $320\times10^8m^3$。英国、意大利、荷兰、法国及奥地利工作气量大于 $80\times10^8m^3$。

捷克储气库有 2 座，总工作气容量 $3.55\times10^8m^3$；波兰建有 1 座枯竭油藏储气库，容量为 $43\times10^8m^3$。

第三节 国内储气库简介

1969 年，中国在大庆建成了萨尔图地下储气库用于该地区民用气的季节性调峰。1999 年，随着陕京管道的建设，中国开始筹建国内第一座调峰储气库——大张坨储气库，保障京津冀地区冬季调峰及安全平稳供气。2005 年，西气东输第一座盐穴储气库——金坛储气库开工建设，为长三角地区调峰保供发挥了重要作用。2011 年，第一批商业储气库开工建设，并于 2013~2014 年陆续投入运行，部分储气库已发挥调峰作用。总体来看，中国地下储气库虽起步较晚，但发展却十分迅速，随着中国经济建设的不断发展，储气库的数量也不断增长，表 1-1 列出了国内主要储气库（群）。未来几年，大庆油田、辽河油田、长庆油田、中原油田、江苏油田金坛盐矿、华北油田和江汉油田将建成 30 座以上的地下储气库，中国将形成四大区域性联网协调的储气库群：东北储气库群、长江中下游储气库群、华北储气库群、珠江三角洲储气库群。

一、枯竭油气藏储气库

由于油气藏型储气库储气量大的优点，以及可以利用原有的油气田设施，造价较低，并且建库、管理风险性较小。因此国内主要的储气库都是枯竭油气藏型储气库（见表 1-1）。

表 1-1 国内主要储气库（群）

地区	储气库（群）	类型
环渤海	大港	油气藏型
	京 58	油气藏型
	板南	油气藏型
	苏桥	油气藏型
长三角	金坛	盐穴型
	刘庄	油气藏型
东北	喇嘛甸	油气藏型
	双 6	油气藏型
	升平	油气藏型
西南	相国寺	油气藏型
西北	呼图壁	油气藏型

续表

地区	储气库(群)	类型
中西部	陕224	油气藏型
中南	中原文96	油气藏型

表1-2列出了中国主要的油气藏型储气库的运行简况，其中，位于新疆维吾尔自治区呼图壁县的呼图壁储气库库容量最大，为107×10⁸m³，其次是毗邻雄安新区的苏桥储气库(群)。

表1-2 储气库运行简况

储气库	库容量/$10^8 m^3$	工作气量/$10^8 m^3$	工作压力/MPa		日注气量/$10^4 m^3$	日采气量/$10^4 m^3$	工作井数/口
			下限压力	上限压力			
双6	33.00	16.00	10.0	24.0	1200	1500	74
板桥	4.66	1.89	13.0	26.5	100	300	3
京58	8.10	3.90	11.0	20.6	210	350	35
苏桥	67.00	23.00	19.00	48.5	1300	2100	39
刘庄	4.55	2.45	7.0	12.0	150	204	18
文96	5.9	3.0	12.9	22.8	200	500	7~12
相国寺	42.60	22.80	11.7	28.0	2014	2200	15
呼图壁	107.00	45.10	18.0	34.0	1140	1891	7
陕224	10.4	5.0	15.0	30.4	520	418	5

油气藏型储气库的盖层大多以泥岩为主，文96发育膏岩，整体密封性较好。储层方面主要是以砂岩为主，其中还有碳酸盐岩、生物灰岩、泥岩—白云岩等不同种类的岩石。油气藏型储气库储层大多为砂岩，少数为碳酸盐岩，孔隙度较大，均在20%左右，渗透率差异大，介于$1.5×10^{-3}~300×10^{-3}μm^2$，多数发育边底水，存在气水互驱现象，见表1-3。

表1-3 储气库物性特点

油气藏型储气库	岩石类型		孔隙度/%	渗透率/$10^{-3}μm^2$	边底水
	盖层	储层			
双6	纯泥岩、油页岩	含砾砂岩	17.3	224	较强
板桥	大段暗色泥岩中有薄层砂岩	砂岩为主	18.2	183.8	较强
京58	钙质页岩、灰质白云岩等	泥岩—白云岩	26.4	191.34	较强
苏桥	铝土泥岩	碳酸盐岩和砂岩	2.2~17	3~252	较强
刘庄	泥岩	砂岩、碳酸盐岩	19.3	78.3	较弱
文96	泥岩夹含膏岩	粉砂为主	15.2	68	较弱
相国寺	致密泥页岩	角砾、生物灰岩	20.2	300	较弱
陕224	泥岩、粉砂岩	泥岩—细粉晶白云岩	6.1	1.5	不具有

油气藏型储气库	岩石类型		孔隙度/%	渗透率/$10^{-3}\mu m^2$	边底水
	盖层	储层			
呼图壁	泥岩	细砂岩、粉砂岩	15	20	中等

二、盐穴型储气库

盐穴地下储气库（简称盐穴储气库）是在较厚的盐层或盐丘中通过水溶形成的用于储存天然气的人工洞穴。盐岩具有极低的渗透率、良好的蠕变行为、损伤自修复和塑性变形能力大等特性，被认为是石油和天然气等碳氢化合物地下储备的理想场所。我国首座盐穴储气库——中国石油金坛盐穴储气库，部分盐穴已于 2007 年投入运行，是西气东输管道的重要配套工程，在长江三角洲地区的天然气平稳供应中作出了重要贡献。

金坛储气库库容量为 $26\times10^8m^3$，工作气量为 $17\times10^8m^3$，单腔设计有效体积为 $2.5\times10^4m^3$，单腔运行压力为 $7\sim17MPa$，单腔工作气量为 $2700\times10^4m^3$，累计注气量达 $19.05\times10^8m^3$，累计采气量达 $25.4\times10^8m^3$。

表 1-4 为金坛储气库 2007~2017 年的运行情况，随着时间的推移，金坛储气库的工作气量、注气量、采气量逐年递增，因此储气库的规模也在不断地增大。

表 1-4　2007~2017 年金坛储气库的运行简况

年份	有效工作气量/10^4m^3	注气				采气				采气量/有效工作气量/%
		次数	轮数	时间/d	注气量/10^4m^3	次数	轮数	时间/d	采气量/10^4m^3	
2007	5000	8	3	112	11237	2	2	12	1291	25.82
2008	5000	5	3	43	4238	12	3	42	3472	69.44
2009	5000	13	6	85	9841	12	6	78	9911	198.22
2010	5000	14	6	81	9735	9	7	53	7686	753.72
2011	8200	14	6	114	8200	14	6	114	13242	115.28
2012	8200	8	4	83	11983	5	4	29	6967	84.96
2013	12815	8	4	112	18802	7	4	59	13289	103.70
2014	15805	13	3	175	26445	2	2	44	20645	130.62
2015	24548	11	5	163	29911	7	5	65	29815	121.46
2016	33363	12	4	240	55542	3	3	36	14528	43.50
2017	59500	4	4	145	63126	4	6	114	73483	123.50

三、火山岩型储气库

随着天然气需求的不断加大，天然气供需不平衡和季节调峰问题愈加突出，各国均通过建设地下储气库来缓解这一问题。目前全球约有 630 多座地下储气库，但还没有将火山岩气藏改建成储气库的先例。

大庆徐深气田属于典型的低孔、低渗、块状、边底水火山岩气藏。储层有效厚度平均为 50m，火山岩岩性以流纹岩为主，气孔流纹岩占全部流纹岩的 73% 左右，储集空间主要发育孔隙型、裂缝—孔隙型两种储集组合类型，储层以气孔为主，裂缝不发育。各种岩性的孔隙度介于 4.5%~16.5%，渗透率介于 0.16×10^{-3} ~ 8.71×10^{-3} μm^2，含气饱和度平均为 57.8%，储层有效厚度介于 40~130m，平均有效厚度为 50.10m，预计可以建成国内第一批火山岩气藏。辽河油田黄沙坨构造位于辽河盆地东部凹陷中段铁匠炉构造西侧的黄沙坨构造带上。黄沙坨构造为 1 个依附于界面断层的大型断裂鼻状构造，该构造南接欧利坨子构造，北邻铁匠炉构造。油田主力储层为下第三系沙河街组沙三下段的火山喷发岩区块，其盖层发育良好，具有良好的密封性，未来都可以规划成火山岩类地下储气库。

第二章
储气库密封性分析

第一节　储气库盖层密封性分析

一、盖层宏观密封性

盖层密封性研究主要从盖层的岩性、厚度分布、物性、微观孔喉结构、突破压力等方面进行密封性评价。从盖层宏观有效性来看，本区直接盖层为暗色砂泥岩互层，岩性以滨浅湖、三角洲前缘相的暗紫色泥岩为主，夹泥质粉砂岩、粉砂岩，分布稳定（见图 2-1）。

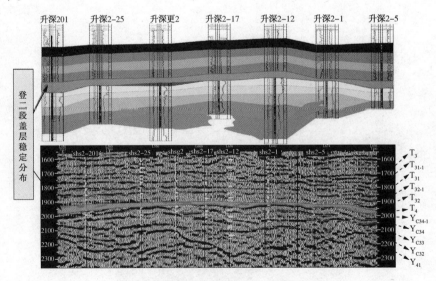

图 2-1　储气库盖层宏观分布

研究工区地层总厚 170~904m，平均 135m；其中泥岩厚度 60~120m，平均泥岩厚度为85m；泥岩占盖层厚度达 70% 以上（见图 2-2 和图 2-3）。

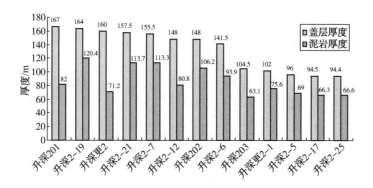

图 2-2　不同单井盖层与纯泥岩厚度分布柱状图

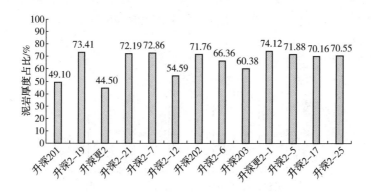

图 2-3　单井泥岩厚度占盖层厚度比例分布图

二、盖层微观密封性

从盖层微观有效性来看砂泥岩盖层密度介于 $2.61 \sim 2.67 g/cm^3$，孔隙度介于 $1.84\%\sim$ 3.02%，物性比较差(见图 2-4 和图 2-5)。

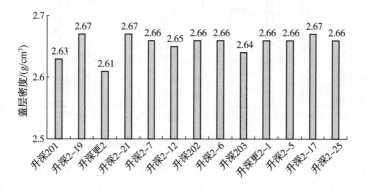

图 2-4　不同单井盖层密度分布柱状图

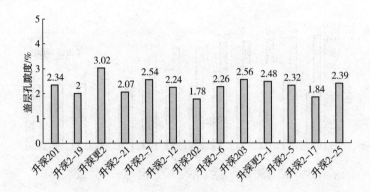

图 2-5　不同单井盖层孔隙度分布柱状图

统计分析表明：最小水平地应力介于 39～52.8MPa；11 口井登二段闭合压力介于 39.68～48.76MPa，11 口井登二段破裂压力介于 39.96～48.76MPa（见图 2-6 和图 2-7）。

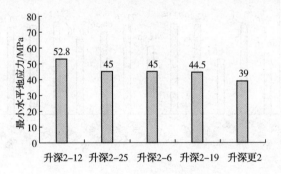

图 2-6　不同单井最小水平地应力

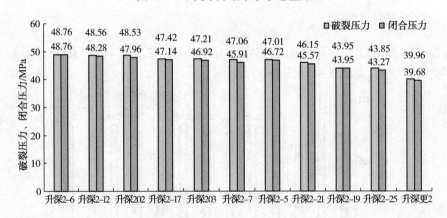

图 2-7　不同单井闭合压力与破裂压力

在诸多盖层微观封闭能力评价的参数中，如盖层孔径分布、孔隙度、渗透率等，均与突破压力有函数关系或统计相关性，游离烃通过盖层孔隙的运动过程是润湿相流体被非润湿相流体驱替的物理过程，而突破压力又是上述参数中唯一以力的形式表述这一过程能否进行的物理参数。因此，盖层突破压力是盖层封闭能力评价中最直观、最重要的参数。

盖层突破压力是指岩石中最大连通孔隙的润湿相流体被非润湿相流体突破所需的最低

压力。其大小等于岩石中最大连通孔隙的毛细管压力，可由式(2-1)表示：

$$p_d = \frac{2\sigma\cos\theta}{r_0} \qquad (2-1)$$

式中　p_d ——岩石突破压力，MPa；

　　　σ ——气水界面张力，mN/m；

　　　r_0 ——岩石中最大连通孔隙半径，μm；

　　　θ ——气液固三相界面接触角，(°)。

其中 r_0、θ 随温度变化微小，可以忽略不计，σ 随温度的升高而显著降低(见表2-1)。随埋深增加，温度也随之升高，致使气水界面张力降低，导致突破压力减小，封闭能力变弱。为正确评价盖层的实际封闭能力，有必要对突破压力的实测值进行温度校正。

表2-1　气水界面张力随温度、压力变化数据(包茨，天然气地质学，1988)

模拟地层埋深/m	模拟地层压力/MPa	模拟地层温度/℃	气水界面张力/(mN/m)
0	1	20	70
500	5	35	63
1000	10	50	55
1500	15	65	47
2000	20	80	38
2500	25	95	33
3000	30	110	30
4000	40	140	25

对表中的数据进行回归分析，得 σ 随温度 T 的变化规律：

$$\sigma = 0.0023T^2 - 0.7675T + 85.946 \qquad (2-2)$$

式中　T ——温度，℃；

设盖层样品实验地表温度、突破压力、界面张力分别为 T_0、p_{d0}、σ_0，地下该样品深度对应值分别为 T、p_d、σ，由式(2-1)和式(2-2)可得：

$$\frac{p_d}{p_{d0}} = \frac{2\sigma\cos\theta/r}{2\sigma_0\cos\theta/r} \qquad (2-3)$$

$$\frac{\sigma}{\sigma_0} = \frac{f(T)}{f(T_0)} \qquad (2-4)$$

$$p_d = \frac{85.946 - 0.7675T + 2.3 \times 10^{-3}T^2}{85.946 - 0.7675T_0 + 2.3 \times 10^{-3}T_0^2}p_{d0} \qquad (2-5)$$

式中　T_0 ——地表温度，℃；

　　　T ——地层温度，℃。

盖层的突破压力决定于最大连通孔隙半径，而孔径的大小取决于岩石的压实程度和泥质含量。一般情况下，泥质含量相同的盖层，压实程度越强，孔隙度越低，连通孔径越小，突破压力越高，反之亦然。松辽盆地泥质岩突破压力与孔隙度分析结果表明，二者具有良好的相关性(见图2-8)。

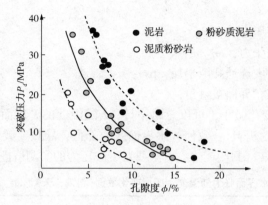

图2-8 松辽盆地泥质岩突破压力与孔隙度关系(吕延防实验数据)

可将其建立如下函数关系：

$$p_d = A/\phi - B \qquad (2-6)$$

式中　A、B——常数，与盖层泥质含量有关；

　　　ϕ——盖层孔隙度，%。

对于泥岩、粉砂质泥岩和泥质粉砂岩实验测量气驱水突破压力与孔隙度分别有如下的函数关系：

泥岩：　　　　　　　$p_{dsh} = 247.7/\phi - 7.4(R = 0.91) \qquad (2-7)$

粉砂质泥岩：　　　　$p_{dsish} = 108/\phi - 4.0(R = 0.95) \qquad (2-8)$

泥质粉砂岩：　　　　$p_{dshsi} = 70/\phi - 4.2(R = 0.88) \qquad (2-9)$

根据盖层所处的深度，可得到对应的测井声波时差、密度、中子、自然伽马曲线值，通过做孔隙度与声波时差、密度、中子、自然伽马关系散点图，可发现目标区块登二段盖层自然伽马、中子与孔隙度的相关性较差，而声波时差和密度与孔隙度相关性较好(见图2-9、图2-10、图2-11和图2-12)。

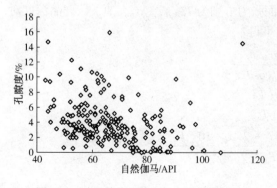

图2-9 盖层单井孔隙度与自然伽马关系

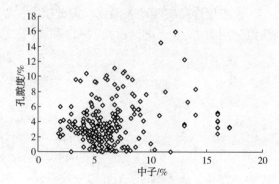

图2-10 盖层单井孔隙度与中子关系

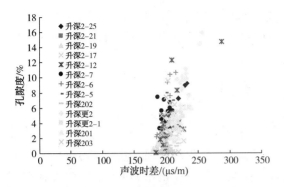

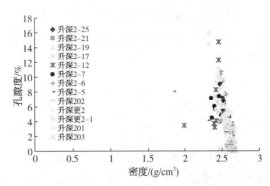

图 2-11 盖层单井孔隙度与声波时差关系　　图 2-12 盖层单井孔隙度与密度关系

可见孔隙度与声波时差和密度均符合线性函数关系，拟合数学关系为：

$$\phi = C\Delta t + D \tag{2-10}$$

$$\phi = C'DEN + D' \tag{2-11}$$

式中　C、D、C'、D'——常数，与盖层泥质含量有关；

　　　ϕ——盖层孔隙度，%；

　　　Δt——声波时差，$\mu s/m$；

　　　DEN——密度，g/cm^3。

根据盖层测井孔隙度与声波时差及密度数据，分别得到该区块孔隙度与声波时差和密度的关系模型（见图 2-13 和图 2-14）：

$$\phi = 0.075\Delta t - 12.5 \tag{2-12}$$

$$\phi = -18.728DEN + 51.807 \tag{2-13}$$

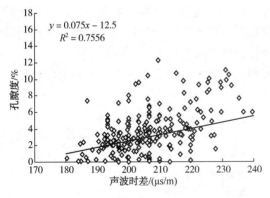

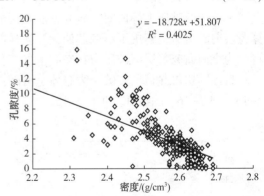

图 2-13 盖层单井声波时差与　　　　　图 2-14 盖层单井密度与
　　　孔隙度回归模型　　　　　　　　　　　孔隙度回归模型

由式(2-6)、式(2-7)和式(2-8)可得盖层声波时差、密度与突破压力关系为：

$$p_d = \frac{A}{C\Delta t + D} - B \tag{2-14}$$

$$p_d = \frac{A}{C'DEN + D'} - B \tag{2-15}$$

根据松辽盆地研究工区上部的青山口组、嫩江组砂泥岩突破压力与孔隙度关系及研究工区孔隙度与声波时差和密度关系模型即得到目标区块盖层突破压力与声波时差和密度关系模型分别为：

$$p = \frac{70}{0.075\Delta t - 12.5} - 4.2 \qquad (2-16)$$

$$p = \frac{70}{-18.728 \times DEN + 51.807} - 4.2 \qquad (2-17)$$

通过以上分析可知，随着埋藏深度的增加，压实成岩的程度增加，孔隙度逐渐减小，声波时差也逐渐减小，密度逐渐增大，岩石孔隙度与声波时差存在正相关关系，与密度存在负相关关系。而随着孔隙度的减小，岩石突破压力则明显增大，突破压力与孔隙度存在负相关关系。所以，岩石突破压力与声波时差存在负相关性，即声波时差越小，岩石突破压力越大，反之则越小。与密度存在正相关性，即密度越大，岩石突破压力越大，反之则越小。对于确定的研究区，可以通过取盖层岩芯，实测其突破压力，然后读取对应点的声波时差值、密度值，从而建立突破压力与声波时差、密度的函数关系。

为了通过测井资料确定泥质岩中的砂质含量，以便细分岩性，根据样品实测砂质含量及样品对应的自然伽马值，发现二者之间具有较好的线性关系：

$$V_{sd} = (129.8 - 0.923GR)/100 \qquad (2-18)$$

式中　　V_{sd}——泥质岩中的砂质含量；

　　　　GR——测井自然伽马值，API。

在实际工作中，先根据自然伽马值确定泥质岩的砂质含量，细分岩性，再根据声波时差、密度求得盖岩突破压力。此突破压力为地表温度条件下的气驱水突破压力，再经温度校正后，即可得到地层条件下盖层的实际突破压力。进而得到单井盖层突破压力与深度关系散点图和盖层突破压力等值图，研究盖层封闭能力平面变化规律。同时，利用声波时差资料计算盖层突破压力，解决了不取芯便无法测样的难题，克服了盖层突破压力研究以点代面的缺点，为全面研究盖层突破压力在空间上的变化规律提供了可行的方法。

目标区块单井盖层突破压力总体上有随深度增大的趋势，变化范围介于5~15MPa（见图2-15、图2-16、图2-17和图2-18）。

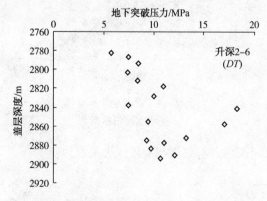

图2-15　采用声波时差计算盖层
不同深度突破压力（升深2-6）

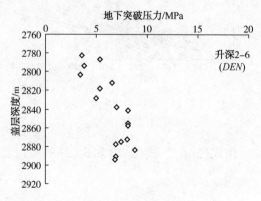

图2-16　采用密度计算盖层
不同深度突破压力（升深2-6）

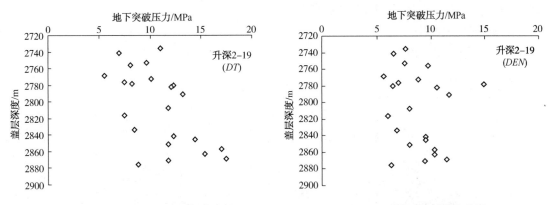

图 2-17 采用声波时差计算盖层
不同深度突破压力(升深 2-19)

图 2-18 采用密度计算盖层
不同深度突破压力(升深 2-19)

平面上盖层底部突破压力分布不均,多数区域盖层下部突破压力介于 5~15MPa,东北部区域突破压力大于 7MPa,西南部突破压力介于 5~7MPa(见图 2-19 和图 2-20)。

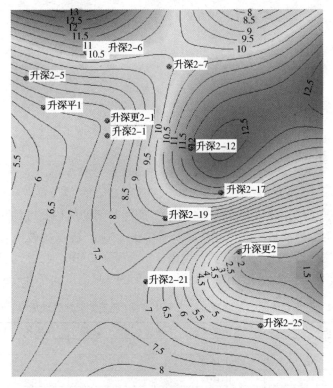

图 2-19 采用声波时差计算盖层下部突破压力平面分布

此外还可用盖层所能封闭的气柱高度来衡量盖层的封闭能力。盖层所能封闭的气柱高度可由式(2-12)计算:

$$H = \frac{p_{\mathrm{d}} \times 1000}{(\rho_{\mathrm{w}} - \rho_{\mathrm{g}})g} \tag{2-19}$$

式中　*H*——盖层所能封闭的临界气柱高度，m；

　　　p_d——盖层突破压力，Pa；

　　　ρ_w——地层水密度，g/cm³；

　　　ρ_g——气体密度，g/cm³；

　　　g——重力加速度，m/s²。

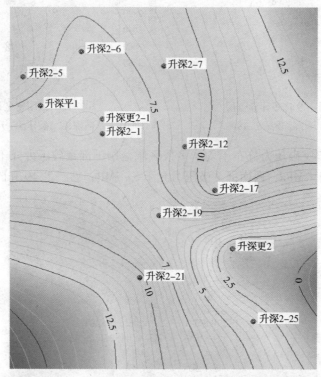

图 2-20　采用密度计算盖层下部突破压力平面分布

计算结果表明，盖层突破压力达到 1MPa 时，所能封闭的气柱高度约为 100m，盖层突破压力介于 1~2MPa 时，所能封闭的气柱高度介于 100~250m，盖层突破压力介于 2~4MPa 时，所能封闭的气柱高度介于 250~500m，盖层突破压力介于 4~7MPa 时，所能封闭的气柱高度介于 500~850m，盖层突破压力大于 7MPa 时，所能封闭的气柱高度大于 850m（见表 2-2）。

表 2-2　气水界面张力随温度、压力变化数据（包茨，天然气地质学，1988）

模拟地层温度/℃	模拟地层压力/MPa	天然气密度/(g/cm³)	地层水密度/(g/cm³)	突破压力/MPa	封闭气柱高度/m
120	32	0.1642	0.9785	1	122.80
120	32	0.1642	0.9785	2	245.61
120	32	0.1642	0.9785	3	368.41
120	32	0.1642	0.9785	4	491.22
120	32	0.1642	0.9785	5	614.02
120	32	0.1642	0.9785	6	736.83
120	32	0.1642	0.9785	7	859.63
120	32	0.1642	0.9785	8	982.44

区块盖层突破压力多数介于 5~15MPa，对应的可封闭气柱高度介于 600~1800m，而实

际最大气柱高度不超过 200m，表明盖层对下部气藏具有充足的封盖能力。

为了准确评价盖层的封闭能力，参考前人工作成果，综合突破压力、孔隙度、渗透率，根据伯格提出的盖层突破压力与所能封闭的最大临界气柱高度关系式，从而制定了登二段盖层封闭性评价标准（见表 2-3）。

表 2-3　登二段盖层封闭性能评价标准

突破压力/MPa	孔隙度/%	渗透率/$10^{-3}\mu m^2$	封闭气柱高度/m	封闭能力	封闭级别
>7	<3	<0.01	>800	极强	I
4~7	3~5	0.01~0.05	400~800	强	II
2~4	5~7	0.05~0.1	200~400	中	III
1~2	7~10	0.1~1	100~200	弱	IV
<1	>10	>1	<100	极弱	V

储气库盖层突破压力多数介于 5~15MPa，孔隙度多数介于 2%~5%，渗透率多数介于 $(0.01~0.05)×10^{-3}\mu m^2$，可封闭气柱高度大于 400m，根据盖层封闭性评价标准，属于强—极强级（I—II）级。

第二节　储气库断层密封性分析

一、断层封闭性影响因素

1. 断层走向

一般来说，走向与区域最大主应力方向垂直的断层，其封闭概率比走向与区域最小主应力方向垂直的断层要大。断层走向与应力分布影响储气库密封性。

2. 埋深

随着埋深增大，断裂带封闭性越好。大量事实证明，封闭断层数量与非封闭断层数量相比在 2500m 以下明显增加。

3. 断距

对特定岩类来说，断距越大，断层带宽度就可能越大，孔隙度和渗透率的机械减少就越大。断层带物质经受的摩擦强，易形成断层泥，造成好的封闭。

断层形成以后，由于地层被错断，造成断层两盘非同期沉积地层相对接。如果断距的大小恰好使断层两盘砂泥岩地层相对置，进入到目的盘储层中的气体再欲向上倾方向运移时，被上盘泥岩层所遮挡，此段内断层形成了良好的侧向封闭。当断距增大到两盘不同时代沉积储层相对置，由于目的盘储层上倾方向无高突破压力地层遮挡而形成侧向开启。

4. 净厚度与总厚度的比值

在碎屑岩层序中，非储集层岩石的百分比和分布，指示塑性涂抹或这些非储集层岩石沿断层带注入的可能性。净储集层厚度与所研究层段的总厚度之比。也同样表示断层两侧砂岩与砂岩对接的可能性，但并不一定是同一砂岩单元。

5. 断层的同生性

同沉积断层有利于泥岩涂抹的产生，这是因为泥岩通常是欠压实的，所以易沿断层面发生泥岩涂抹。

6. 断层力学性质

走滑断层封闭性最好，压性断层较好，张性断层最差。目前对断层力学性质的研究还不能进行定量分析，仍有很大的人为误差。

7. 断面倾角

断面的倾角如果越小，则断面的正应力就越大。这类断裂带闭合程度较好，有利于断层封闭，反之，则断层封闭性差。

8. 断裂充填的成分

断裂充填是一种普遍的地质现象。如果断裂充填物以泥岩为主，由于其很高的突破压力使其具有很好的侧向封闭性，并且也有很好的垂向封闭性。由此可形成断层的垂向与侧向双重封闭性。但如果断裂充填物以砂质为主，且其突破压力不比目的盘储层突破压力高，则该充填物不具备侧向封闭性，同时也不具垂向封闭性。如果断裂充填物以砂质为主，但后期由于地层水的矿化作用，使得原生孔隙被次生矿物所充填，也会形成断裂充填的封闭。如果充填物具封闭性，与目的盘砂层对置的断层另一盘为泥岩层，泥岩层可增强断裂充填的封闭能力，减少气体侧向穿过断层运移的风险。

9. 断层密度

单位面积内断层条数越多，岩石破碎越厉害，变形程度越大，则断层封闭性越差；反之，断层封闭性越好。

10. 断面正应力

断面正应力越大，断面的闭合程度越好，封闭性越强。而对于断面正应力的计算，应考虑水平地应力、上覆岩石重力及流体压力的综合效应。断面正应力大于孔隙压力，是断层封闭的一个重要前提，当具备这个条件时，断面应是闭合的；否则，断面将开启，不具封闭性。

只有当断面裂缝紧闭时，断层才具备垂向封闭能力。断面的闭合程度可用断面所受正应力的大小来衡量，其计算模型为：

$$p = H(\rho_r - \rho_w) g\cos\theta + \sigma\sin\theta\sin\beta \qquad (2-20)$$

式中　p——断面所承受的正应力，MPa；

　　　H——断面埋深，m；

　　　ρ_r——上覆地层的平均密度，g/cm^3；

　　　ρ_w——地层水密度，g/cm^3；

　　　g——重力加速度，m/s^2；

　　　σ——水平地应力，MPa；

　　　θ——断面倾角，(°)；

　　　β——地应力与断层走向之间的夹角，(°)。

当断面所承受正应力大于被错断泥岩的变形强度时，因泥岩的变形而导致断层裂缝的闭合，由此便可造成断层的垂向封闭，否则断层开启。

二、对储气库密封性影响较大的断层

由于储层与盖层内部断层数量较大，发育规模有差异，因此需要分两个层次开展断层

密封性研究。第一个层次为盖层纵向相连续穿过气藏和盖层的断层垂向密封性，该类断层直接关系到储气库密封性，应该重点开展稳定性和注采过程密封性研究。第二层次为储层断层密封性，储层部分断层延伸距离较长，穿过气藏内部或边部且延伸至气藏含气面积范围外部，该类断层对密封性影响相对较小，但也要做密封性评价。

根据地震资料解释成果，储层主要有 11 条断层，分别为 DD1、DS19、DSS78、DSS78-1、DSS78-2、DSS84、DSS85、DSS85-1、DSS88、WSX376 和 WSX457。各层位断层延伸范围与含气面积关系如下：

T₄反射层断层主要有 DSS84、DSS85、WSX457、DS19、WSX376、DSS78 共 6 条断层，其中 WSX376、DS19 和 DSS78 从气藏含气面积范围以内延伸，超出了气藏含气面积，对气藏整体密封性影响较大，DSS84 断层与 DS19 断层相交，但离气藏含气面积边界距离较远，距离约有 3.5km。DSS85 和 WSX457 断层距离含气面积边界较远，且不与其他断层相交，对气藏密封性影响较小(见图 2-21)。

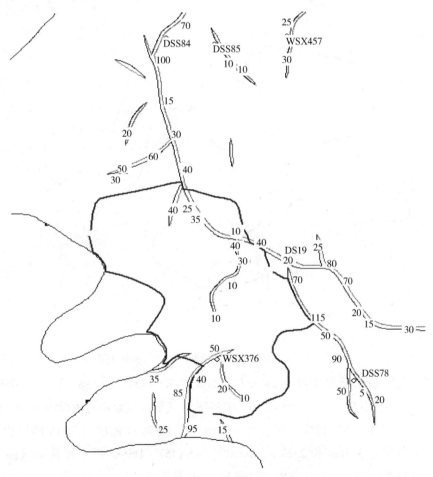

图 2-21　T4 反射层断层与含气面积关系

第三喷发旋回顶面断层主要有 DSS84、DSS85、WSX457、DSS88、DS19、DSS78-1、WSX376 和 DSS78 共 8 条断层，其中 WSX376、DS19 和 DSS78 从气藏含气

面积范围以内延伸，超出了气藏含气面积，对气藏整体密封性影响较大，DSS84 和 DSS78-1 断层与 DS19 断层相交，距离含气边界距离分别为 3.78km 和 2.0km。DSS85、WSX457、DSS88 断层距离含气面积边界较远，且不与其他断层相交，对气藏密封性影响较小（见图 2-22）。

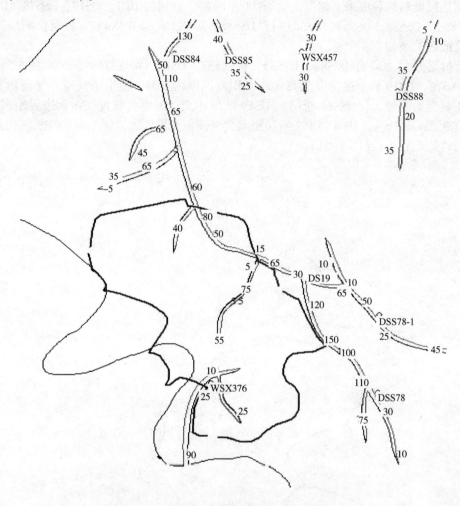

图 2-22　第三喷发旋回顶面断层与含气面积关系

第二喷发旋回顶面断层主要有 DSS84、DSS85、WSX457、DSS88、DS19、DSS78-1 和 DSS78 共 7 条断层，其中 DS19、DSS78-1、DSS78 从气藏含气面积范围以内延伸，超出了气藏含气面积，对气藏整体密封性影响较大，DSS84 和 DSS78-1 断层与 DS19 断层相交，距离含气边界距离分别为 3.7km 和 2.2km。DSS85、WSX457、DSS88 断层距离含气面积边界较远，且不与其他断层相交，对气藏密封性影响较小（见图 2-23）。

第一喷发旋回顶面断层主要有 DSS84、DSS85、WSX457、DSS88、DS19、DSS78-1 和 DSS78-1 共 7 条断层，其中 DS19 断层从气藏含气面积范围以内延伸，超出了气藏含气面积，对气藏整体密封性影响较大，DSS84、DSS78 和 DSS78-1 与 DS19 断层相交，距离含气

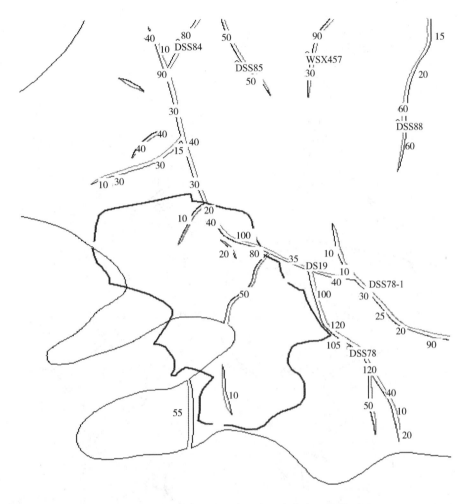

图 2-23 第二喷发旋回顶面断层与含气面积关系

边界距离分别为 3.7km、1.4km 和 2.3km。DSS85、WSX457、DSS88 断层距离含气面积边界较远，且不与其他断层相交，对气藏密封性影响较小（见图 2-24）。

综合研究工区顶面、第三喷发旋回顶面和第二喷发旋回顶面和第一喷发旋回顶面断层分布特征可以看出，储层断层中 DS19、DSS78、WSX376 对气藏整体密封性影响最大。

三、对盖层密封性有影响断层

断层密度的大小对密封性和建库可行性都有重要影响。根据地震资料解释成果，盖层顶面主要有 21 条断层，分别为 WSX316、WSX327、WSX335-2、WSX335-3、WSX352-2、WSX355、WSX358、WSX370、WSX376、WSX377、WSX387、WSX400、WSX405、WSX412、WSX415、WSX426、WSX427、WSX437、WSX437-1、WSX451 和 WSX457（见图 2-25）。

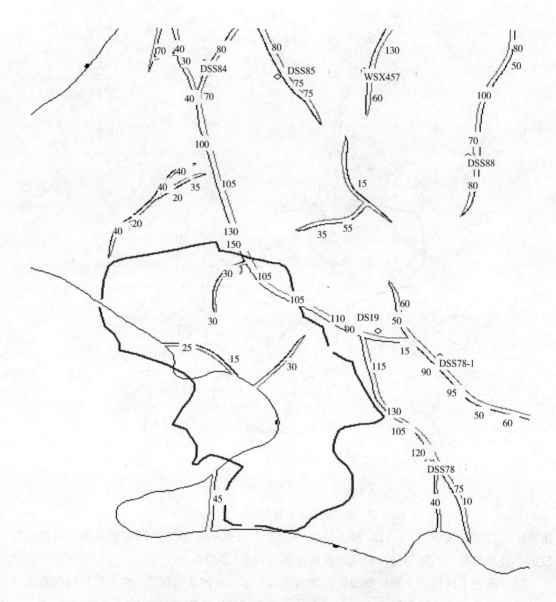

图 2-24 第一喷发旋回顶面断层与含气面积关系

总体上,盖层断层比储层火山岩断层要发育,数量约为储层断层数的 2 倍,盖层断层最发育的条带远离含气面积区,但其中只有 WSX355、WSX376、WSX377、WSX400、WSX412、WSX415 和 WSX437-17 条断层延伸进入了含气面积范围。但从断层的连续性来看,这些断层中,WSX355、WSX377、WSX400、WSX412 和 WSX437-1 并未穿过盖层底部进入储层内部,只有 WSX376 向下穿过了盖层底部进入了储层。另有 WSX457 断层尽管穿过了盖层底部进入了储层,但其离含气面积区较远,距离含气边界 3.56km。因此,只有 WSX376 断层对登二段盖层密封性有影响。

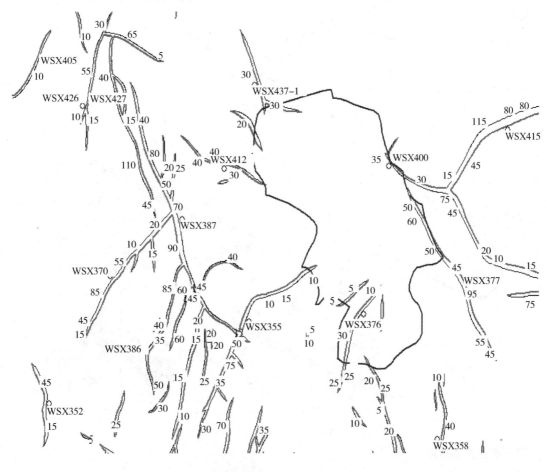

图 2-25　盖层顶面断层

第三节　断层封闭性评价方法与评价标准

一、断层封闭性定性分析

1. 断层走向与地应力

美国科罗拉多州洛基山 Arsenal 油田、Rangely 油田开发实践表明：注入流体提高地层压力，降低原生断层面的有效正应力超过临界值时可诱发断层滑动。因此研究断层走向和地应力特征，确定断层临界值，对断层密封性具有重要意义。从断层走向与应力方向关系可知，在应力作用下，断层走向与应力方向垂直时，断层密封程度高，断层易于封闭；断层走向与应力方向一致时，受外力影响可产生滑动，断面易于开启。研究工区主要断层走向均与最大主应力方向垂直，易于封闭（见图 2-26）。

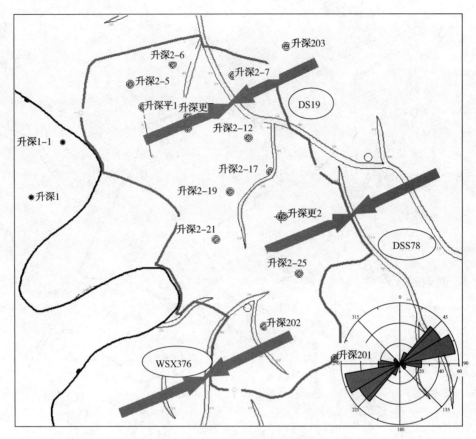

图 2-26　断层与应力方向分布图

2. 断层活动时期

从断层活动时期与断层封闭性可知，早期活动断层封闭性好，晚期活动断层封闭性差，长期活动断层封闭性中等。储气库 3 条主要断层均由营城组沉积时期开始发育，延续至登楼库组沉积末期，属于长期活动断层，封闭性中等（见表 2-4）。

表 2-4　三条主要断层要素表

断层号	断层延伸方向	断层延伸长度/km	断距/m	断开层位
DS19	北北西	12.3	10~75	T4
DSS78	北北西	6.1	10~90	T4~T5
WSX376	北北东	4.4	10~75	T2~T4

3. 断层两盘岩性配置关系

断层侧向封闭与否，取决于断层两盘的岩性对置情况，若断层一盘储集层的上倾方向被另一盘非渗透性岩层遮挡，则可以形成好的断层封闭。储气库 DS19 断层上升盘上部流纹岩地层与泥岩地层接触，下部流纹岩与营城组流纹岩地层接触，封闭性中等（见图 2-27）。

二、断层封闭性定量分析

根据前面对断层密封性的影响因素分析以及断层密封性类型划分，结合断层对密封性的

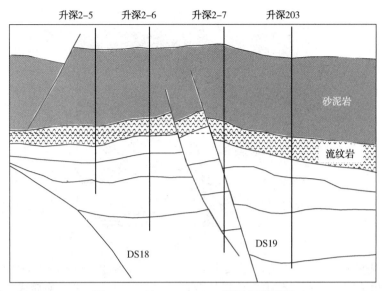

升深2-5   升深2-6   升深2-7   升深203

砂泥岩

流纹岩

DS18

DS19

图 2-27   过 DS18、DS19 断层气藏剖面

影响类型和前人的研究成果，建立了一套断层封闭性分析流程和方法及评价标准。

1. 断层侧向封闭性评价方法

1）断层侧向封闭性基本原理

断层侧向封闭性研究主要是建立在 D. A. Smith（1966）的砂泥对接理论模型基础上。除此之外，对于断层两盘不直接接触的条件下，无论正断层还是逆断层在错动过程中，由于巨大的构造应力作用，其两侧地层岩石发生破碎，这些破碎的岩石碎块充填在断层错开的空间中，分隔了断层两侧的地层，从而形成侧向封闭。

2）断层侧向封闭性判断指标及计算方法

方法一：黏土涂抹势

根据 Lindsay（1993）研究，黏土涂抹指在断层活动过程中，由于泥岩软塑性大，在挤压应力或重力作用下，泥岩被粉碎成黏土，在其上下盘断壁被削截的砂岩层上形成的一个糜棱岩化的黏土隔层。这种涂抹作用，在挤压应力或重力的作用下，不仅可以使泥岩中黏土颗粒侵入到砂岩中，堵塞其孔隙，而且还使黏土涂抹层中成分发生均质化，导致其内小孔隙均匀分布。因此，黏土涂抹层具有较强的封闭性，好似钻进渗透砂岩层上的泥饼，阻止了气体的侧向运移（见图 2-28）。

断裂带中的黏土涂抹现象是十分普遍的，它既可以存在于逆断层中，又可以存在于正断层中。然而，在不同的断层中以及同一条断层的不同部位，由于断层性质、断移地层泥地比、断面产状及形态差异，其内的黏土涂抹程度以及空间分布大小是明显不同的。

断层性质不同，断层面上所受的作用力也就不同。挤压成因的逆断层，由于断面上不仅要受到一个来自上覆岩层的压力作用，而且还要受到一个来自区域构造挤压应力对断层面的挤压作用，因此，其黏土涂抹的作用相对较强，有利于黏土涂抹层的发育。而拉张成因的正断层，其断层面上只受到一个来自上覆岩层的压力作用，因此，其黏土涂抹作用相对较弱，不利于黏土涂抹层的发育。

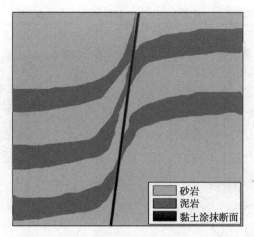

图 2-28 黏土涂抹示意图

断移地层泥地比大小也是影响黏土涂抹层发育的重要因素。断移地层泥地比越高，断裂带中泥质成分越多，越有利于黏土涂抹层的发育。反之，则断裂带中泥质成分越少，越不利于黏土涂抹层的发育。

断层产状及其光滑程度也影响黏土涂抹层的发育，断层面越缓，其所受到的压力越大，涂抹作用越强，越有利于黏土涂抹层的发育。反之，断层越陡，其所受到的压力越小，涂抹作用越弱，越不利于黏土涂抹层的发育。断层面越光滑，黏土涂抹的范围越大，越有利于黏土涂抹层的发育，断层面越不光滑，黏土涂抹的范围越小，越不利于黏土涂抹层的发育。

黏土涂抹只能存在于泥岩位移经过的断层部分。其在空间上连续性的好坏集中反映在断层位移大小和断开泥岩层数及厚度上，即断层位移越小，断开泥岩层数越多，厚度越大，则黏土涂抹层在空间上的连续性越好。反之，则越差。

根据图 2-29 的模型采用黏土涂抹势(Bouvier, 1989)大小来定量描述黏土涂抹层的发育程度。其值大小反映了黏土涂抹层空间发育程度及其断层侧向封闭性的好坏。

黏土涂抹势模型：

$$CSP = \sum_{i=1}^{n} h_i/L = H \times R/L \qquad (2-21)$$

式中　CSP——黏土涂抹势；

　　　h_i——被断层错开的某段地层中第 i 层泥岩层厚度，m；

　　　L——断层垂直断距，m；

　　　H——某段地层厚度，m；

　　　R——某段地层中泥地比，小数；

　　　n——某段地层中的泥岩层层数。

由上式可知，黏土涂抹势越大，黏土涂抹层越发育，空间连续性越好，断层侧向封闭性越好，反之，黏土涂抹层越不发育，空间上连续性越差，断层侧向封闭性越差。

由上可知，黏土涂抹势大小反映了黏土涂抹层空间发育程度及其断层侧向封闭性的好坏。根据 Richard G. Gibson(1994)测试 Teak 及 Point 油田黏土涂抹层连续性与其所封闭住的烃柱高度之间的对应关系得知(见图 2-30)，只要黏土涂抹势 CSP 大于 0.25(即断层错开泥

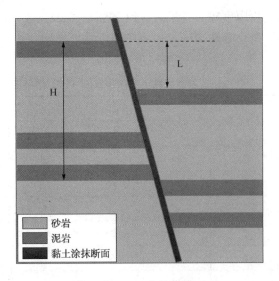

图 2-29　黏土涂抹势模型

岩的比例大于 25%），其黏土涂抹层就能保持空间上的连续性，形成的断层侧向封闭性就好，反之，其黏土涂抹层就无法保持空间上的连续性，形成的侧向封闭性就差。因此，可以将黏土涂抹势 $CSP=0.25$ 作为泥岩涂抹层在空间上是否连续的判别标准。

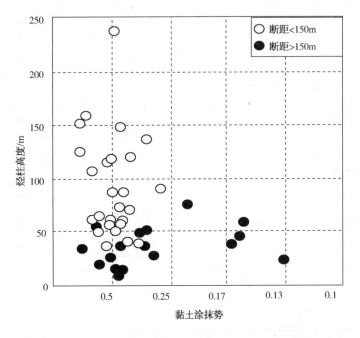

图 2-30　黏土涂抹势与烃柱高度之间关系（Richard G. Gibson，1994）

根据登二段盖层断层发育特征统计，计算得到登二段盖层各条断层 CSP 值见表2-5。计算结果表明：CSP 值介于 1.08~8.63，平均 3.33，远高于 0.25 的门槛值。所以，登二段盖层内部断层侧向封闭性良好，WSX376 断层连续穿过了营城组火山岩和登二段盖层，属于对盖层密封性影响较大的断层，其 CSP 值达到4.2，高于盖层内部断层的 CSP 平均值，主要原因在于该断层所在位置泥岩厚度较大，平均达到105m，高于该区平均泥岩厚度86.32m，断距较小，最大断距30m，最小断距20m，一般25m，低于平均断距35.48m，所以该断层泥岩涂抹效果较好。

表2-5 登二段盖层断层黏土涂抹势(CSP)计算结果汇总表

序号	断层编号	断点个数	断距/m			岩厚度/m	CSP值
			一般	最大	最小		
1	WSX316	2	30	55	30	86.3	2.88
2	WSX327	6	20	65	5	82.0	4.10
3	WSX335-2	2	50	70	50	86.3	1.73
4	WSX335-3	2	30	35	30	86.3	2.88
5	WSX352-2	5	40	60	25	86.3	2.16
6	WSX355	7	30	75	10	107.5	3.58
7	WSX358	1	40	40	40	82.0	2.05
8	WSX370	6	45	85	15	86.3	1.92
9	WSX376	4	25	30	20	105.0	4.20
10	WSX377	7	50	95	45	66.0	1.32
11	WSX387	8	70	145	50	86.3	1.23
12	WSX400	7	30	75	10	73.6	2.45
13	WSX405	2	10	10	10	86.3	8.63
14	WSX412	3	40	40	30	86.3	2.16
15	WSX415	4	80	115	15	86.3	1.08
16	WSX426	4	30	55	10	86.3	2.88
17	WSX427	5	40	110	15	86.3	2.16
18	WSX437	4	10	15	10	86.3	8.63
19	WSX437-1	1	30	30	30	81.5	2.72
20	WSX451	3	35	80	15	86.3	2.47
21	WSX457	2	10	10	10	86.3	8.63
平均							3.33

根据营三段对储层侧向密封性影响较大的断层发育特征统计，计算得到营三段储层顶面DS19、DSS78、WSX376断层CSP值沿断层走向分布结果(见表2-6、表2-7和表2-8)。计算结果表明：三条断层CSP值整体较小，平均值分别为0.41、0.18和0.98，其中DS19断层CSP值主要介于0.20~0.60，DSS78断层CSP值主要介于0.12~0.27，WSX376断层CSP值主要介于0.38~1.51，整体而言，DSS78断层侧向密封性最差，WSX376断层侧向密封性最好。

表 2-6 DS19 断层黏土涂抹势(*CSP*)计算结果汇总

断层号	计算点	*X* 坐标	*Y* 坐标	地层厚度/m	泥质含量	泥岩厚度/m	断距/m	*CSP* 值
DS19	A	675929.9893	5125223.119	660	5.20	34.32	40	0.86
DS19	B	676259.8769	5124062.189	660	1.10	7.26	35	0.21
DS19	C	676631.6313	5123461.209	620	1.10	6.82	40	0.17
DS19	D	677645.1131	5123079.312	500	4.48	22.4	40	0.56
DS19	E	678395.3812	5122573.252	380	18.30	69.54	20	3.48
DS19	F	679429.5346	5122330.159	420	2.85	11.97	80	0.15
DS19	G	679822.5766	5121834.549	460	2.85	13.11	70	0.19
DS19	H	680215.7709	5121180.741	460	2.85	13.11	20	0.66
DS19	I	681118.2894	5120808.505	420	3.41	14.322	30	0.48
平均								0.41

表 2-7 DSS78 断层黏土涂抹势(*CSP*)计算结果汇总

断层号	计算点	*X* 坐标	*Y* 坐标	地层厚度/m	泥质含量	泥岩厚度/m	断距/m	*CSP* 值
DSS78	A	678538.7189	5121903.892	380	2.85	10.83	70	0.15
DSS78	B	678927.2868	5121093.008	420	3.41	14.322	115	0.12
DSS78	C	679436.7425	5120540.918	400	3.41	13.64	50	0.27
DSS78	D	679782.1362	5120023.333	320	2.06	6.592	90	0.07
DSS78	E	680222.5132	5119108.932	260	2.06	5.356	5	1.07
DSS78	F	680447.0191	5118461.951	260	2.06	5.356	20	0.27
平均								0.18

表 2-8 WSX376 断层黏土涂抹势(*CSP*)计算结果汇总

断层号	计算点	*X* 坐标	*Y* 坐标	地层厚度/m	泥质含量	泥岩厚度/m	断距/m	*CSP* 值
WSX376	A	676803.1156	5120057.838	420	18.01	75.642	50	1.51
WSX376	B	676164.1373	5119488.495	300	18.01	54.03	40	1.35
WSX376	C	676008.7101	5118962.283	320	18.01	57.632	85	0.68
WSX376	D	675942.0427	5118023.814	200	18.01	36.02	95	0.38
平均								0.98

方法二：泥岩涂抹系数

泥岩涂抹是指泥岩层分散加入发育中的断层带而形成，使沿断层上、下盘被砂岩层表面分布的泥质薄层得以保存下来。泥岩涂抹堵塞了砂岩孔隙，从而形成侧向封闭。泥岩涂抹系数是表征泥岩涂抹层分布连续性的参数。定义为断层断距与断移泥岩厚度的比值，SSF 值越小，泥岩涂抹的空间连续性就越好，根据 Richard G. Gidson(1995)通过测试 Teak 及 Poui 油田泥岩涂抹层连续性与其所封闭住的烃柱高度之间的对应关系以及统计 Poui 油田泥岩涂抹系数与泥岩涂抹层的空间连续性关系得知(见图 2-31)，只要 $SSF \leqslant 4$，泥岩涂抹的空间连续性就能保持，反之 $SSF>4$，泥岩涂抹就丧失连续性，因此该指标能够作为断层侧向封闭性的判别标准。

$$SSF = L/\sum_{i=1}^{n} h_i = L/(H \times R) \tag{2-22}$$

式中　SSF——泥岩涂抹系数；

　　　h_i——被断层错开的某段地层中第 i 层泥岩层厚度，m；

　　　L——断层垂直断距，m；

　　　H——某段地层厚度，m；

　　　R——某段地层中泥地比，小数；

　　　n——某段地层中的泥岩层层数。

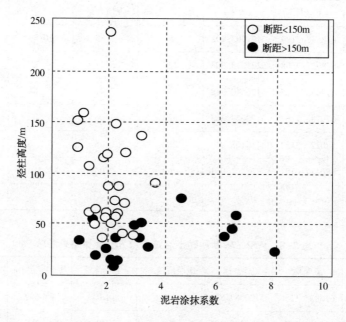

图 2-31　泥岩涂抹系数与烃柱高度之间关系(Richard G. Gibson，1994)

根据盖层断层发育特征统计，计算得到盖层各条断层 SSF 值(表 2-9)。计算结果表明，SSF 值介于 0.12~0.93，平均 0.42，远低于 4.0 的门槛值。所以，登二段盖层内部断层侧向封闭性良好，WSX376 断层连续穿过了盖层，属于对盖层密封性影响较大的断层，其 SSF 值达到 0.24，高于盖层内部断层的 SSF 平均值，主要原因在于该断层所在位置泥岩厚度较大，平均达到 105m，高于该区平均泥岩厚度 86.32m，断距较小，最大断距 30m，最小断距 20m，一般 25m，低于平均断距 35.48m，所以该断层泥岩涂抹效果较好。

表 2-9　盖层断层泥岩涂抹系数(SSF)计算结果汇总表

| 序号 | 断层编号 | 断点个数 | 断距/m | | | 岩厚度/m | SSF 值 |
			一般	最大	最小		
1	WSX316	2	30	55	30	86.3	0.35
2	WSX327	6	20	65	5	82.0	0.24
3	WSX335-2	2	50	70	50	86.3	0.58
4	WSX335-3	2	30	35	30	86.3	0.35
5	WSX352-2	5	40	60	25	86.3	0.46
6	WSX355	7	30	75	10	107.5	0.28
7	WSX358	1	40	40	40	82.0	0.49
8	WSX370	6	45	85	15	86.3	0.52
9	WSX376	4	25	30	20	105.0	0.24
10	WSX377	7	50	95	45	66.0	0.76
11	WSX387	8	70	145	50	86.3	0.81
12	WSX400	7	30	75	10	73.6	0.41
13	WSX405	2	10	10	10	86.3	0.12
14	WSX412	3	40	40	30	86.3	0.46
15	WSX415	4	80	115	15	86.3	0.93
16	WSX426	4	30	55	10	86.3	0.35
17	WSX427	5	40	110	15	86.3	0.46
18	WSX437	4	10	15	10	86.3	0.12
19	WSX437-1	1	30	30	30	81.5	0.37
20	WSX451	3	35	80	15	86.3	0.41
21	WSX457	2	10	10	10	86.3	0.12
平均							0.42

根据对储层侧向密封性影响较大的断层发育特征统计，计算得到储层顶面 DS19、DSS78 和 WSX376 断层 SSF 值沿断层走向分布结果(见表 2-10、表 2-11 和表 2-12)。计算结果表明，3 条断层 SSF 值整体较大，平均值分别为 3.66、7.11 和 1.38，其中 DS19 断层 SSF 值多数介于 2.09~6.68，DSS78 断层 SSF 值多数介于 3.67~8.03，WSX376 断层 SSF

值多数介于 0.66~2.64，整体而言，DSS78 断层侧向密封性最差，WSX376 断层侧向密封性最好。

表 2-10　DS19 断层对应储层泥岩涂抹系数(SSF)计算结果

断层号	计算点	X 坐标	Y 坐标	地层厚度/m	泥质含量	泥岩厚度/m	断距/m	SSF 值
DS19	A	675929.99	5125223.1	660	5.20	34.32	40	1.17
DS19	B	676259.88	5124062.2	660	1.10	7.26	35	4.82
DS19	C	676631.63	5123461.2	620	1.10	6.82	40	5.87
DS19	D	677645.11	5123079.3	500	4.48	22.4	40	1.79
DS19	E	678395.38	5122573.3	380	18.30	69.54	20	0.29
DS19	F	679429.53	5122330.2	420	2.85	11.97	80	6.68
DS19	G	679822.58	5121834.5	460	2.85	13.11	70	5.34
DS19	H	680215.77	5121180.7	460	2.85	13.11	20	1.53
DS19	I	681118.29	5120808.5	420	3.41	14.322	30	2.09
平均								3.66

表 2-11　DSS78 断层对应储层泥岩涂抹系数(SSF)计算结果

断层号	计算点	X 坐标	Y 坐标	地层厚度/m	泥质含量	泥岩厚度/m	断距/m	SSF 值
DSS78	A	678538.72	5121903.9	380	2.85	10.83	70	6.46
DSS78	B	678927.29	5121093	420	3.41	14.322	115	8.03
DSS78	C	679436.74	5120540.9	400	3.41	13.64	50	3.67
DSS78	D	679782.14	5120023.3	320	2.06	6.592	90	13.65
DSS78	E	680222.51	5119108.9	260	2.06	5.356	5	0.93
DSS78	F	680447.02	5118462	260	2.06	5.356	20	3.73
平均								7.11

表 2-12　WSX376 断层对应储层泥岩涂抹系数(SSF)计算结果

断层号	计算点	X 坐标	Y 坐标	地层厚度/m	泥质含量	泥岩厚度/m	断距/m	SSF 值
WSX376	A	676803.12	5120057.8	420	18.01	75.642	50	0.66
WSX376	B	676164.14	5119488.5	300	18.01	54.03	40	0.74
WSX376	C	676008.71	5118962.3	320	18.01	57.632	85	1.47

续表

断层号	计算点	X 坐标	Y 坐标	地层厚度/m	泥质含量	泥岩厚度/m	断距/m	SSF 值
WSX376	D	675942.04	5118023.8	200	18.01	36.02	95	2.64
平均								1.38

2. 断层侧向封闭性评价标准

根据前面黏土涂抹势和泥岩涂抹系数两项评价指标可以建立断层侧向封闭性评价标准(见表2-13)。断层侧向封闭性分为极强、强、中等、弱和极弱,共5个等级,黏土涂抹势大于1为极强,介于0.75~1为强,介于0.5~0.75为中等,介于0.25~0.5为弱,小于0.25为极弱。对应的泥岩涂抹系数小于1为极强,介于1~1.33为强,介于1.33~2为中等,介于2~4为弱,大于4为极弱。

表 2-13 断层侧向封闭性能评价标准

黏土涂抹势/断层泥比率 CSP/SGR	泥岩涂抹系数 SSF	侧向封闭能力	侧向封闭级别
>1	<1	极强	I
0.75~1	1~1.33	强	II
0.50~0.75	1.33~2	中	III
0.25~0.50	2~4	弱	IV
<0.25	>4	极弱	V

根据研究工区盖层和储层断层的黏土涂抹势和泥岩涂抹系数计算结果可知,盖层断层黏土涂抹势平均为3.33,泥岩涂抹系数平均为0.42,对盖层密封性影响较大的WSX376断层黏土涂抹势值达到4.2,远大于0.25,泥岩涂抹系数0.24,远小于4,盖层断层侧向封闭能力极强,侧向封闭级别达到I级。

储层3条影响较大的DS19、DSS78和WSX376断层黏土涂抹势平均为0.41、0.18和0.98,泥岩涂抹系数平均为3.66、7.11和1.38,整体侧向密封性较盖层断层要差,根据评价标准,侧向封闭级别分别为弱(IV级)、极弱(V级)和中等(III级),其中DSS78断层侧向封闭能力在3条断层中最差。

3. 断层垂向封闭性评价方法

1)断层垂向封闭性基本原理

影响断层垂向封闭性好坏的关键因素是断面的闭合程度,若断面闭合,断层垂向封闭性好,气体不能沿断面作垂向运移,否则,断层开启,断层作为气体运移通道。

若断层两盘之间无断裂填充物,断层两盘以"面"接触,在这种情况下,断层面的压力是造成断层垂向封闭性的主要原因。当所受压力超过泥岩塑性变形所要求的最小压力值时,泥岩便发生塑性变形而流动,堵塞断层面闭合后所遗留的渗漏空间,使断层在垂向上对气体形成封闭作用。然而由于断层面的凹凸起伏,仍然会遗留渗漏空间,造成气体渗漏散失。因此,只靠压力作用,还不能使断层对气体在垂向上形成完全的封闭。

若断层两盘之间存在断裂填充，断层两盘以"带"接触，在这种条件下，断层在垂向上的封闭主要是依靠断裂带上下物质所形成的排替压力差来封闭气体。按形成原因不同又可分为泥质充填封闭和后期成岩封闭两种类型。根据不同的封闭模式可以采取不同的研究方法。

2）判断指标及计算方法

方法一：断面正压力

当断层两盘之间无填充物时，断层的垂向封闭主要是依靠断层面压力在断面倾角缓处闭合，以及泥岩塑性变形流动堵塞断层面闭合后遗留渗漏空间来实现的。断面的闭合程度可用断面所受正压力大小来衡量，断层面所受到的压力主要有两个，如图2-32所示，一个是上覆岩层静岩压力的作用，另一个是区域主压应力 σ 的作用，计算模型为：

$$p = (\rho_r - \rho_w)gH\cos\alpha + \sigma\sin\beta\sin\alpha \tag{2-23}$$

式中　p——断面所受正压力，MPa；

　　H——断面埋深，m；

　　ρ_r——上覆地层的平均密度，g/cm^3；

　　ρ_w——地层水密度，g/cm^3；

　　α——断面倾角，(°)；

　　β——区域主压应力 σ 与断层走向夹角，(°)；

　　σ——区域主压应力，MPa。

当断面所受正压力大于泥岩的变形强度时，因泥岩变形而导致断层裂缝闭合，由此造成断层垂向封闭，否则断层垂向开启。根据李德发等（1991）对川西坳陷上三叠统泥岩的抗压实验可知，当断面正压力超过5MPa时，泥岩便会发生塑性变形而流动，堵塞断面闭合后所遗留的渗漏空间，形成垂向封闭。

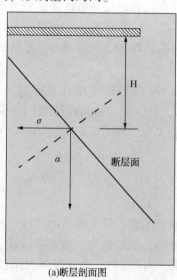

(a)断层剖面图　　　　　　　(b)断层平面图

图2-32　断层面受力分析

根据盖层断层发育特征统计，计算得到盖层各条断层断面正压力平均值见表2-14。计算结果表明，断面正压力 p 值多数介于 10~12MPa，平均 13.32MPa，远高于 5MPa 的门槛值。所以，盖层内部断层垂向封闭性良好，WSX376 断层连续穿过了储层和盖层，属于对盖层密封性影响较大的断层，其断面正压力 p 值达到 11.2MPa，也远高于 5MPa 的门槛值，所以该断层尽管穿过了营城组火山岩和登二段盖层，但具有较好的垂向密封性。

表 2-14　盖层断面正压力 p 计算结果汇总表

| 序号 | 断层编号 | 断距/m | | | 走向/ (°) | 倾向/ (°) | 断层埋深/ m | 断面所受 正压力 p/MPa |
		一般	最大	最小				
1	WSX316	30	55	30	30	300	2860	22.42
2	WSX327	20	65	5	330	60	2860	22.42
3	WSX335-2	50	70	50	355	85	2860	3.91
4	WSX335-3	30	35	30	10	100	2910	7.92
5	WSX352-2	40	60	25	345 转 295	255	2910	11.81
6	WSX355	30	75	10	30 转 70	300 转 340	2810	22.03
7	WSX358	40	40	40	348	258	2860	9.32
8	WSX370	45	85	15	40	130	3010	30.34
9	WSX376	25	30	20	15 转 45	285 转 315	2760	11.20
10	WSX377	50	95	45	332	62	2910	11.81
11	WSX387	70	145	50	290 转 345	200 转 255	2760	11.20
12	WSX400	30	75	10	280 转 340	10 转 70	2860	11.61
13	WSX405	10	10	10	295		2910	11.81
14	WSX412	40	40	30	300	210	2810	11.40
15	WSX415	80	115	15	30 转 70	120 转 140	2910	11.81
16	WSX426	30	55	10	20	110	2860	11.61
17	WSX427	40	110	15	335	65	2860	11.61
18	WSX437	10	15	10	40	310	2810	11.40
19	WSX437-1	30	30	30	340	250	2910	11.81
20	WSX451	35	80	15	20	110	2660	10.79
21	WSX457	10	10	10	30	120	2810	11.40
平均		35.48	61.67	22.62				13.32

根据对储层垂向密封性影响较大的断层发育特征统计，计算得到储层顶面 DS19、DSS78 和 WSX376 断层断面正压力 p 值沿断层走向分布结果（见表 2-15、表 2-16 和表 2-17）。计算结果表明，3 条段层 p 值整体较大，平均值分别为 8.22、9.26 和 12.27，其中 DS19 断层 p 值多数介于 7.90~8.47MPa，DSS78 断层 p 值多数介于 9.10~9.51MPa，WSX376 断层 p 值多数介于 11.93~12.54MPa。整体而言，DSS19 断层垂向密封性最差，WSX376 断层垂向密封性最好。

表 2-15 DS19 断层断面正压力 p 值计算结果汇总

断层号	计算点	X 坐标	Y 坐标	断距/m	倾角/(°)	断层埋深/m	断面所受正压力 p/MPa
DS19	A	675929.99	5125223.1	40	80	3080	8.39
DS19	B	676259.88	5124062.2	35	80	2900	7.90
DS19	C	676631.63	5123461.2	40	80	2910	7.92
DS19	D	677645.11	5123079.3	40	80	2980	8.11
DS19	E	678395.38	5122573.3	20	80	3060	8.33
DS19	F	679429.53	5122330.2	80	80	3110	8.47
DS19	G	679822.58	5121834.5	70	80	3100	8.44
DS19	H	680215.77	5121180.7	20	80	2950	8.03
DS19	I	681118.29	5120808.5	30	80	3070	8.36
平均							8.22

表 2-16 DSS78 断层断面正压力 p 值计算结果汇总

断层号	计算点	X 坐标	Y 坐标	断距/m	倾角/(°)	断层埋深/m	断面所受正压力 p/MPa
DSS78	A	678538.72	5121903.9	70	79	3040	9.10
DSS78	B	678927.29	5121093	115	79	3040	9.10
DSS78	C	679436.74	5120540.9	50	79	3110	9.30
DSS78	D	679782.14	5120023.3	90	79	3180	9.51
DSS78	E	680222.51	5119108.9	5	79	3120	9.33
DSS78	F	680447.02	5118462	20	79	3080	9.22
平均							9.26

表 2-17 WSX376 断层断面正压力 p 值计算结果汇总

断层号	计算点	X 坐标	Y 坐标	断距/m	倾角/(°)	断层埋深/m	断面所受正压力 p/MPa
WSX376	A	676803.12	5120057.8	50	285	2940	11.93
WSX376	B	676164.14	5119488.5	40	285	3010	12.22
WSX376	C	676008.71	5118962.3	85	285	3050	12.38
WSX376	D	675942.04	5118023.8	95	285	3090	12.54
平均							12.27

方法二：断层带泥质含量

断层的垂向封闭性除与断面压力有关外，还受断移地层泥岩层含量的影响，尽管断面所受正压力较大，但当断移地层剖面上泥岩所占地层比例很小时，断裂充填必然以砂质为主，以砂质为主的断裂充填恰似一斜置于断层面上的储层，若使该储层具有封闭能力，单纯靠断层压力使其渗透率降低到泥质岩的程度是极其困难的。即使无断裂充填，因断层两盘泥岩少、砂岩多，两盘泥岩层不闭合，气体仍可沿断面迂回向上运移。因此，当断移地层的泥质含量很低时，不利于断层的垂向封闭。断层中的砂质含量与地层剖面上砂地比值有关，尤其在陆相沉积地层中砂质地层相对发育的区域，往往泥岩中砂质含量也高，而砂质含量高的泥岩，变形强度大。吕延防等（1995）对连河油田 34 条已知封闭性断层的砂泥比值统计证实，当同生断层断移地层的砂泥比值小于 1.0，非同生断移地层的砂泥比值小于 0.8 时，断层具有垂向封闭性。因此，可以将该比值作为断层垂向封闭性的判别标准。转换成泥质含量分别为 0.5 和 0.56。即泥质含量至少大于 0.5，断层的垂向封闭性才有充分保障。

根据盖层断层发育特征统计，计算得到盖层各条断层泥质含量平均值（见表 2-18）。计算结果表明，断层泥质含量多数介于 0.49~0.72，平均 0.65，高于 0.5 的门槛值。所以，盖层内部断层垂向封闭性良好，WSX376 断层连续穿过了储层和盖层，属于对盖层密封性影响较大的断层，其断层平均泥质含量达到 0.72MPa，也高于 0.5 的门槛值，所以该断层尽管穿过了营城组火山岩和登二段盖层，但具有较好的垂向密封性。

表 2-18　盖层断层泥质含量平均值 V_{sh} 计算结果汇总表

序号	断层编号	断距/m			泥质含量/%
		一般	最大	最小	
1	WSX316	30	55	30	0.65
2	WSX327	20	65	5	0.49
3	WSX335-2	50	70	50	0.65
4	WSX335-3	30	35	30	0.65
5	WSX352-2	40	60	25	0.65
6	WSX355	30	75	10	0.80
7	WSX358	40	40	40	0.49
8	WSX370	45	85	15	0.65
9	WSX376	25	30	20	0.72
10	WSX377	50	95	45	0.69
11	WSX387	70	145	50	0.65
12	WSX400	30	75	10	0.61
13	WSX405	10	10	10	0.65
14	WSX412	40	40	30	0.65
15	WSX415	80	115	15	0.65
16	WSX426	30	55	10	0.65
17	WSX427	40	110	15	0.65
18	WSX437	10	15	10	0.65
19	WSX437-1	30	30	30	0.69

序号	断层编号	断距/m			泥质含量/%
		一般	最大	最小	
20	WSX451	35	80	15	0.65
21	WSX457	10	10	10	0.65
平均		35.48	61.67	22.62	0.65

根据对储层侧向密封性影响较大的断层发育特征统计，计算得到营三段储层顶面 DS19、DSS78 和 WSX376 断层泥质含量沿断层走向分布结果（见表 2-19、表 2-20 和表2-21）。计算结果表明，三条断层泥质含量（V_{sh}）整体偏低，平均值分别为 4.68%、2.64% 和 18.01%，其中 DS19 断层泥质含量多数介于 1.10% ~ 5.20%，DSS78 断层泥质含量多数介于 2.06% ~ 3.41%，WSX376 断层泥质含量 18.01%。整体而言，DSS78 断层垂向密封性最差，WSX376 断层垂向密封性最好。

表 2-19 DS19 断层泥质含量（V_{sh}）计算结果汇总

断层号	计算点	X 坐标	Y 坐标	泥质含量/%
DS19	A	675929.99	5125223.1	5.20
DS19	B	676259.88	5124062.2	1.10
DS19	C	676631.63	5123461.2	1.10
DS19	D	677645.11	5123079.3	4.48
DS19	E	678395.38	5122573.3	18.30
DS19	F	679429.53	5122330.2	2.85
DS19	G	679822.58	5121834.5	2.85
DS19	H	680215.77	5121180.7	2.85
DS19	I	681118.29	5120808.5	3.41
平均				4.68

表 2-20 DSS78 断层泥质含量（V_{sh}）计算结果汇总

断层号	计算点	X 坐标	Y 坐标	泥质含量/%
DSS78	A	678538.72	5121903.9	2.85
DSS78	B	678927.29	5121093	3.41
DSS78	C	679436.74	5120540.9	3.41
DSS78	D	679782.14	5120023.3	2.06
DSS78	E	680222.51	5119108.9	2.06
DSS78	F	680447.02	5118462	2.06
平均				2.64

表 2-21 WSX376 断层泥质含量（V_{sh}）计算结果汇总

断层号	计算点	X 坐标	Y 坐标	泥质含量/%
WSX376	A	676803.12	5120057.8	18.01
WSX376	B	676164.14	5119488.5	18.01
WSX376	C	676008.71	5118962.3	18.01
WSX376	D	675942.04	5118023.8	18.01
平均				18.01

4. 断层垂向封闭性评价标准

根据前面断面正压力、断层带泥质含量 2 项评价指标可以建立断层垂向封闭性评价标准（见表 2-22）。断层垂向封闭性分为极强、强、中等、弱和极弱，共 5 个等级，断面正压力大于 10MPa 为极强，介于 8~10MPa 为强，介于 6~8MPa 为中等，介于 5~6MPa 为弱，小于 5MPa 为极弱。对应的断层带泥质含量大于 70% 为极强，介于 60%~70% 为强，介于 50%~60% 为中等，介于 30%~50% 为弱，小于 30% 为极弱。

根据研究工区盖层和储层断层的断面正压力和断层带泥质含量计算结果可知，盖层断层断面正压力平均为 13.3MPa，断层带泥质含量平均为 65%，对盖层密封性影响较大的 WSX376 断层断面正压力达到 11.2MPa，远大于 5MPa 界限值，断层带泥质含量 72%，远高于 50%，盖层断层垂向封闭能力极强，封闭级别达到 I 级。

储层影响较大的 DS19、DSS78 和 WSX376 断层断面正压力平均为 8.22MPa、9.26MPa 和 12.27MPa，断层带泥质含量平均为 4.68%、2.64% 和 18.01%，整体密封性较盖层断层要差，根据评价标准，尽管其断面正压力达 II 级，但 3 条断层带泥质含量偏低，导致整体垂向封闭级均为极弱（V 级），其中 DSS78 断层垂向封闭能力在 3 条断层中最差。

表 2-22 断层垂向封闭性能评价标准

断面正压力 p/MPa	断层带泥质含量/%	垂向封闭能力	垂向封闭级别
>10	>70	极强	I
8~10	60~70	强	II
6~8	50~60	中	III
5~6	30~50	弱	IV
<5	<30	极弱	V

第三章

注采能力分析方法

第一节　储气库气井采出能力

一、流入流出节点法

气井节点分析是把气流从起始到结束的流动作为一个研究对象，对全系统的压力损耗进行综合分析，对于气井采出能力分析，可以将气体流动系统分为气体克服储层阻力在地层中的流动与气体克服管线摩阻和滑脱损失在管内的流动。通过在气体流动系统内设置节点，可以将系统划分为两个相对独立且相互联系的部分。对于气井采出系统，分为地层至井底的流入段和井底到井口的流出段；对于气井注入系统，分为井口到井底的流入段和井底至地层的流出段。系统的节点一般选在井底处。在此基础上，绘制出节点流入与流出曲线关系图，流入曲线与流出曲线的交点即为协调点，此处流入和流出的量相等，达到进出平衡。对于气井采出系统，协调点即为该条件下的最大采出量；对于气井注入系统，协调点即为该条件下的最大注入量。

气体采出过程中，地层中的流动方程：

$$p_r^2 - p_{wf}^2 = Aq_{sc} + Bq_{sc}^2 \tag{3-1}$$

式中　p_r——地层压力，MPa；

　　　p_{wf}——井底流压，MPa；

　A、B——达西流动系数和非达西流动系数；

　　　q_{sc}——气井产量，$10^4 \mathrm{m}^3/\mathrm{d}$。

气体采出过程中，气体在井筒中的流动方程：

$$p_{wf} = \sqrt{p_{tf}^2 e^{2s} + \frac{1.324 \times 10^{-18} f(\overline{T}\,\overline{Z})^2 q_{sc}^2}{d^5}(e^{2s} - 1)} \tag{3-2}$$

$$S = \frac{0.03415\gamma_g H}{\overline{T}\,\overline{Z}} \tag{3-3}$$

$$\overline{p} = \frac{2}{3}\left(p_{wf} - \frac{p_{tf}^2}{p_{wf} + p_{tf}}\right) \tag{3-4}$$

$$\frac{1}{\sqrt{f}} = 1.14 - 2\lg\left(\frac{\varepsilon}{d} + \frac{21.25}{Re^{0.9}}\right) \tag{3-5}$$

$$Re = 1.776 \times 10^{-2} \frac{q_{sc}\gamma_g}{d\mu_g} \qquad (3-6)$$

式中　p_{tf}——气井井口流压，MPa；

　　　H——油管下到气层中部深度，m；

　　　d——油管内径，m；

　　　ε——油管绝对粗糙度，mm；

　　　γ_g——气体相对密度，无量纲；

　　　$\overline{T}$——井筒内平均绝对温度，K；

　　　$\overline{Z}$——井筒内平均偏差系数，无量纲；

　　　f——Moody 摩阻系数，无量纲；

　　　Re——雷诺数，无量纲；

　　　q_{sc}——气体流量，m³/d；

　　　γ_g——气体相对密度；

　　　μ_g——气体黏度，mPa·s。

考虑到研究工区具有一定的非均质性，各井产能方程不尽相同，因此，在分别计算各井的二项式产能方程基础上，选择有代表性的Ⅰ、Ⅲ类直井作为Ⅰ、Ⅲ类直井的平均产能方程和Ⅰ、Ⅲ类直井的采出方程：

Ⅰ类直井：$p_r^2 - p_{wf}^2 = 22.9734 q_{sc} + 0.1373 q_{sc}^2 \qquad (3-7)$

Ⅲ类直井：$p_r^2 - p_{wf}^2 = 34.5317 q_{sc} + 0.4014 q_{sc}^2 \qquad (3-8)$

分别根据Ⅰ、Ⅲ类直井采出过程中流入和流出方程及相关计算参数绘制流入和流出曲线，即可得到不同油管尺寸、不同地层压力和井口压力条件下Ⅰ、Ⅲ类直井的最大采出能力范围。

计算结果表明，对于Ⅰ类直井而言，地层压力越高、井口采出压力越低，采出能力越大，12MPa 最低出口压力条件下，当地层压力从 32MPa 降低至 26MPa 过程中，不同管径Ⅰ类直井最大采出能力介于$(18\sim29)\times10^4 m^3/d$，对于 3 种不同油管尺寸（3½in、4in 和 4½in）而言，Ⅰ类直井采出能力变化不明显，可见直井管径对Ⅰ类直井采出能力影响不大，而地层压力影响较大（见图 3-1～图 3-4）。

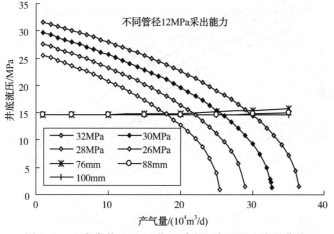

图 3-1　Ⅰ类直井 12MPa 井口采出压力下流入流出曲线

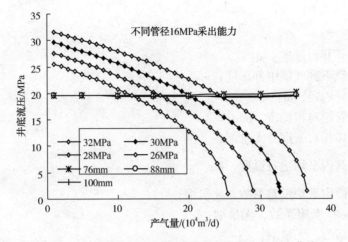

图 3-2　Ⅰ类直井 16MPa 井口采出压力下流入流出曲线

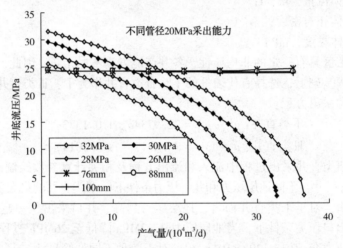

图 3-3　Ⅰ类直井 20MPa 井口采出压力下流入流出曲线

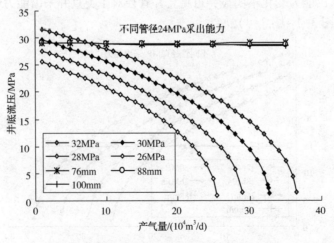

图 3-4　Ⅰ类直井 24MPa 井口采出压力下流入流出曲线

计算结果表明，对于Ⅲ类直井而言，地层压力越高、井口采出压力越低，采出能力越大，12MPa 最低出口压力条件下，当地层压力从 32MPa 降低至 26MPa 过程中，不同管径Ⅲ类直井最大采出能力介于$(12\sim19)\times10^4m^3/d$，对于 3 种不同油管尺寸（$3\frac{1}{2}in$ 和 4in、$4\frac{1}{2}in$）而言，Ⅲ类直井采出能力变化也不明显，可见直井管径对Ⅲ类直井采出能力影响不大，而地层压力影响较大（见图 3-5~图 3-8）。

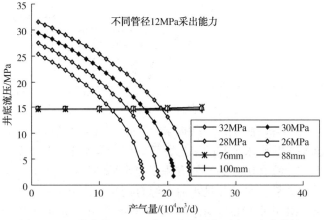

图 3-5　Ⅲ类直井 12MPa 井口采出压力下流入流出曲线

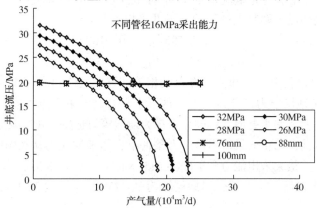

图 3-6　Ⅲ类直井 16MPa 井口采出压力下流入流出曲线

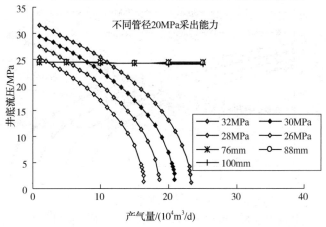

图 3-7　Ⅲ类直井 20MPa 井口采出压力下流入流出曲线

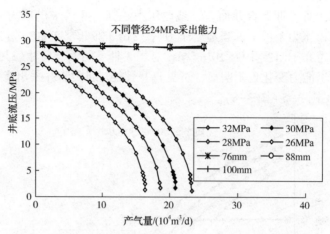

图 3-8　Ⅲ类直井 24MPa 井口采出压力下流入流出曲线

水平井选择升深平 1 井作水平井的采出方程。但升深平 1 井见水后，产能产有了较明显的下降，水平井见水前，综合历年的产能方程得出水平井见水前平均产能方程，以此方程作为水平井见水前的采出方程，水平井见水后，综合历年的产能方程得出水平井见水后平均产能方程，以此作为水平井见水后的采出方程。历年水平井见水前无阻流量平均为 $166.89 \times 10^4 \text{m}^3/\text{d}$，历年水平井见水后无阻流量平均为 $54.02 \times 10^4 \text{m}^3/\text{d}$，即见水后，水平井产能下降了约 2/3，因此分别列出了两种条件下的水平井采出方程：

水平井（出水前）：　　$p_r^2 - p_{wf}^2 = 4.7551q_{sc} + 0.0109q_{sc}^2$　　　　　　　（3-9）

水平井（出水后）：　　$p_r^2 - p_{wf}^2 = 13.7911q_{sc} + 0.0577q_{sc}^2$　　　　　　（3-10）

根据水平井采出过程中流入和流出方程及相关计算参数绘制流入和流出曲线，即可得到不同油管尺寸、不同地层压力、井口压力条件下水平井最大采出能力范围。

计算结果表明，对于水平井而言，同样表现为地层压力越高、井口采出压力越低，采出能力越大，水平井见水前，12MPa 最低出口压力条件下，当地层压力从 32MPa 降低至 26MPa 过程中，不同管径水平井最大采出能力介于 $(60 \sim 115) \times 10^4 \text{m}^3/\text{d}$（见图 3-9~图 3-12）；水平井见水后，12MPa 最低出口压力条件下，当地层压力从 32MPa 降低至 26MPa 过程中，不同管径

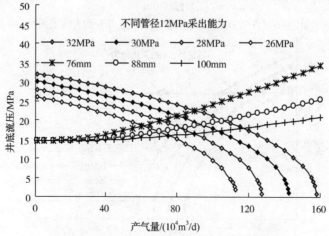

图 3-9　水平井 12MPa 井口采出压力下流入流出曲线

水平井最大采出能力介于(30~50)×10⁴m³/d(见图3-13~图3-16);对于3种不同油管尺寸(3½in、4in和4½in)而言,水平井采出能力变化不明显,可见见水后,水平井管径对水平井采出能力影响较小,而地层压力影响较大。

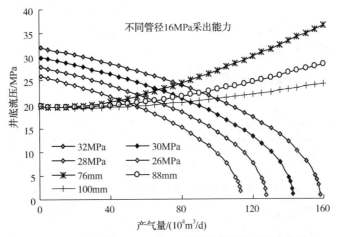

图 3-10　水平井 16MPa 井口采出压力下流入流出曲线

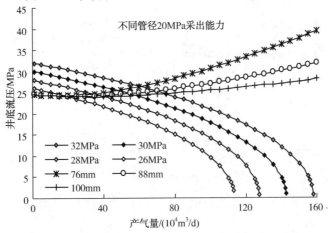

图 3-11　水平井 20MPa 井口采出压力下流入流出曲线

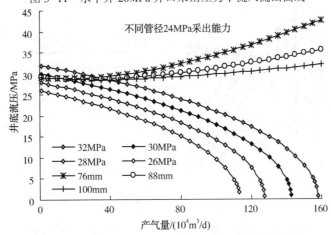

图 3-12　水平井 24MPa 井口采出压力下流入流出曲线

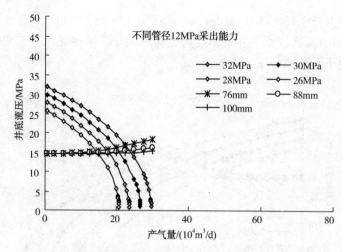

图 3-13　水平井 12MPa 井口采出压力下流入流出曲线

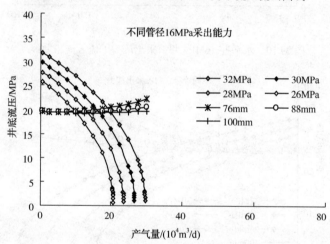

图 3-14　水平井 16MPa 井口采出压力下流入流出曲线

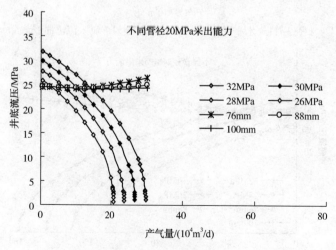

图 3-15　水平井 20MPa 井口采出压力下流入流出曲线

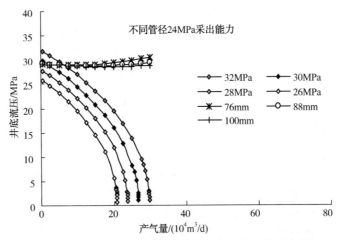

图 3-16 水平井 24MPa 井口采出压力下流入流出曲线

二、冲蚀流量限制法

流入流出节点法只是给出了理论上可以达到的最大采出量，但没有考虑油管流动的冲蚀流量限制，因此合理的采出能力还需要引入冲蚀流量，冲蚀流量计算公式如下：

$$q_{sc} = 3.33 \times 10^{-4} Cd^2 \left(\frac{p_{wh}}{ZT\gamma_g} \right)^{0.5} \tag{3-11}$$

式中 q_{sc}——地面标准条件下冲蚀流量，$10^4 m^3/d$；

C——经验常数（最低可取 100、最高可取 200），无因次；

d——油管直径，mm；

p_{wh}——井口流动压力，MPa；

Z——偏差系数，无因次；

T——井筒流动温度，K；

γ_g——天然气相对密度，无因次。

根据上式分别计算不同温度、不同压力、不同管径条件下油管的冲蚀流量。计算结果表明，油管尺寸对气井冲蚀流量有较大影响，在 3½in 油管条件下，随着压力不同，气井冲蚀流量介于$(58.6 \sim 75.43) \times 10^4 m^3/d$；在 4in 油管条件下，随着压力不同，气井冲蚀流量介于$(78.57 \sim 101.13) \times 10^4 m^3/d$；在 4½in 油管条件下，随着压力不同，气井冲蚀流量介于$(101.45 \sim 130.59) \times 10^4 m^3/d$（见图 3-17）。

计算结果还表明，温度对冲蚀流量的影响较小，分别计算了 3½in 和 4½in 两种不同油管条件下温度对冲蚀流量的影响，3 种不同温度条件下曲线几乎重叠，表明温度的影响很小（见图 3-18 和图 3-19）。

此外，从冲蚀流量计算结果与流入流出节点法计算的最大采出能力范围对比看，对于直井 3½in 油管条件下，流入流出节点法计算的最大采出流量远低于最小冲蚀流量，因此，直井选 3½in 油管完全可以满足最大采出能力，且不会导致油管发生冲蚀；对于水平井选择 3½in 和 4in 油管时，最小冲蚀流量分别为 $58.6 \times 10^4 m^3/d$ 和 $78.57 \times 10^4 m^3/d$，并不能完全适应水平井在 12MPa 井口压力时最大采出能力的要求，因此，水平井油管尺寸选择 4½in 比较合适。

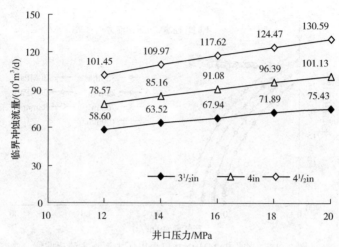

图 3-17　3½in、4in、4½in 油管不同井口压力条件下的冲蚀流量

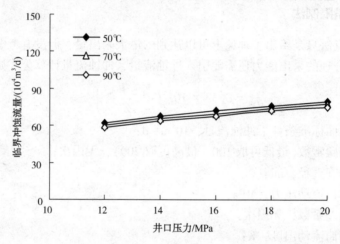

图 3-18　3½in 油管不同温度和不同井口压力条件下的冲蚀流量变化图

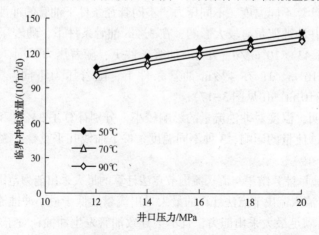

图 3-19　4½in 油管不同温度和不同井口压力条件下的冲蚀流量变化图

三、临界水锥流量限制法

确定气井合理采出能力，除了要考虑流入流出法确定的最大采出能力，考虑油管最小冲蚀流量，还要防止研究工区底水锥进，这就需要确定气井临界水锥产量范围，直井临界水锥产量计算公式：

$$q_{sc} = \frac{0.0864\pi K_g \Delta\rho_{wg} g(h^2 - b^2)}{B_g \mu_g \ln(r_e/r_w)} \tag{3-12}$$

式中　q_{sc}——气井临界水锥产量，m^3/d；

　　　K_g——气层的渗透率，μm^2；

　　　$\Delta\rho_{wg}$——气水密度差，g/cm^3；

　　　h——气层有效厚度，m；

　　　b——气层射开厚度(顶部算起)，m；

　　　B_g——气体体积系数，m^3/m^3；

　　　μ_g——气层条件下气体黏度，$mPa \cdot s$；

　　　r_e——气井泄气半径，m；

　　　r_w——气井半径，m；

　　　g——重力加速度，m/s^2，一般取$g = 9.807 m/s^2$。

从直井临界水锥产量公式可以看出，直井临界水锥产量大小受到气层渗透率、有效厚度、射开厚度等多种因素综合影响。气层渗透率与气井临界水锥产量成正比，气层渗透率越大，气井临界水锥产量越大；气层有效厚度与气井临界水锥产量成正比，气层有效厚度越大，气井临界水锥产量越大；气层射开厚度与气井临界水锥产量成反比，气层射开厚度越大，气井临界水锥产量越小。

根据研究工区地质参数代入气井临界水锥产量公式，即可得到该区块直井临界水锥产量范围，计算结果表明，在其他参数不变情况下，随着气层压力从原始的 32MPa 下降至 15MPa 过程中，直井的临界水锥产量从 $11.40\times10^4 m^3/d$ 逐步下降至 $8.18\times10^4 m^3/d$，即地层压力下降过程中，水锥情况会逐渐加重(见图3-20)。

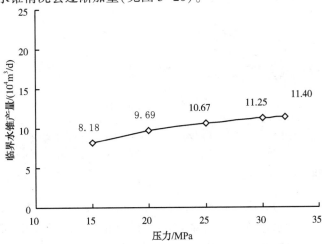

图 3-20　不同地层压力条件下临界水锥产气量变化

计算结果表明,在其他参数不变的情况下,气井射开程度从 10% 逐步增加至 50% 过程中,直井的临界水锥产量从 $11.6×10^4 m^3/d$ 逐步下降至 $8.79×10^4 m^3/d$,这也表明射开程度较小,更有利于控制底水过快锥进(见图 3-21)。

计算结果表明,在其他参数不变的情况下,气层渗透率从 $1×10^{-3} \mu m^2$ 上升至 $20×10^{-3} \mu m^2$ 过程中,直井的临界水锥产量从 $2.25×10^4 m^3/d$ 逐步增加至 $45×10^4 m^3/d$,即物性较好的区域,临界水锥产量高,物性相对较差的地区,临界水锥产量低(见图 3-22)。

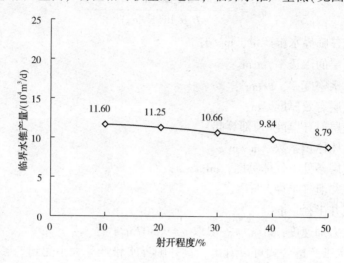

图 3-21　不同射开程度下临界水锥产气量变化

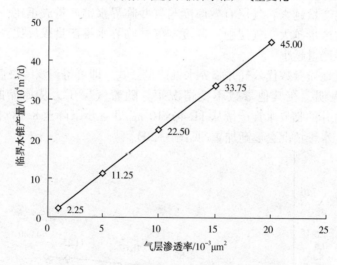

图 3-22　不同储层物性条件下临界水锥产气量变化

四、采气指示曲线法

确定气井合理采出能力,不仅要考虑流入流出法确定的最大采出能力、油管最小冲蚀流量,还要防止研究工区底水过快上升。除了通过计算临界水锥产量,还可以通过采气指示曲线制订合理采出能力,对于防止底水快速上升也具有重要参考作用。

根据二项式产能方程的理论，气体在地层中流动时主要存在两种流动，分别是达西流和非达西动。对于达西流部分，生产压差与流速呈线性增大关系；对于非达西流部分，生产压差与流速呈非线性关系，由此可知，为了防止底水快速锥进，就必须采取合理压差生产。要实现合理压差生产，采出能力应控制在达西流动产量以内，据此分别绘制地层压力从32MPa到26MPa时Ⅰ、Ⅲ类直井和水平井采气指示曲线。

Ⅰ类直井对应地层压力为32~26MPa时的合理产量为$15\times10^4 \sim 10\times10^4 \mathrm{m}^3/\mathrm{d}$，合理生产压差5~6MPa(见图3-23)。

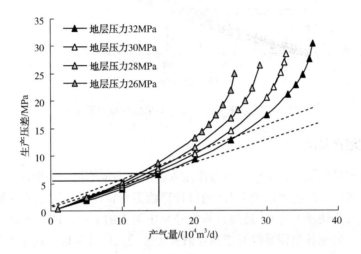

图3-23 Ⅰ类直井生产压差与采出气量关系曲线

Ⅲ类直井对应地层压力32~26MPa时的合理产量为$10\times10^4 \sim 8\times10^4 \mathrm{m}^3/\mathrm{d}$，合理生产压差7~8MPa(见图3-24)。

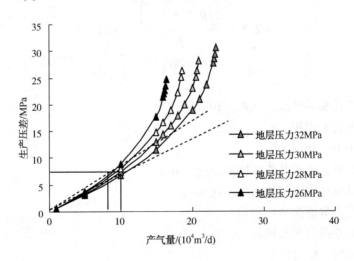

图3-24 Ⅲ类直井生产压差与采出气量关系曲线

水平井对应地层压力32~26MPa时的合理产量为$80\times10^4 \sim 60\times10^4 \mathrm{m}^3/\mathrm{d}$，合理生产压差6~7MPa(见图3-25)。

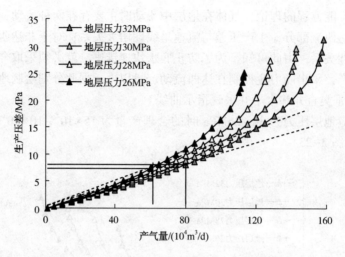

图 3-25　水平井生产压差与采出气量关系曲线

五、临界携液产量法

确定气井合理采出能力，不仅需要考虑流入流出法确定的最大采出能力，考虑油管最小冲蚀流量，防止研究工区底水过快上升(通过计算临界水锥产量和通过采气指示曲线制订合理采出能力防止底水快速上升)，还要计算气井采出能力的下限，即要求采出能力高于气井临界携液产气量，根据各类临界携液产量对研究工区的适应性分析，这里采用改进的 Turner 公式计算临界水锥产量，直井和水平井临界携液产气量计算公式：

$$q_{\lim} = \frac{2.5 \times 10^4 Apv}{ZT} \tag{3-13}$$

$$v = 2.5 \times \frac{\left[(\rho_{l} - \rho_{g}) \sigma \right]^{0.25}}{\rho_{g}^{0.5}} \ (\text{直井}) \tag{3-14}$$

$$v = 4.4 \times \left(\frac{\sigma \cos\theta \rho}{\rho_{g}^{2}} \right)^{0.25} \ (\text{水平井}) \tag{3-15}$$

式中　$q_{\lim}$ ——气井临界携液产气量，$10^4 \mathrm{m^3/d}$；

A——油管截面积，$\mathrm{m^2}$；

p——压力，MPa；

v——直井或水平井临界携液流速，m/s；

ρ_{l}、ρ_{g}——液体密度、气体密度，$\mathrm{kg/m^3}$；

σ——气水界面张力，N/m；

θ——水平段与平面倾角，(°)；

T——温度，K；

Z——偏差系数。

根据式(3-13)和式(3-14)，分别计算在井底温度120℃条件下，直井4种不同油管内径($2\frac{7}{8}$in、$3\frac{1}{2}$in、4in 和 $4\frac{1}{2}$in)和不同井底流压(15MPa、20MPa、25MPa 和 30MPa)的井底

临界携液产气量变化范围。计算结果表明，井底温度120℃条件下，随着井底流压和油管内径的增加，气井临界携液产气量逐渐增大，2⅞in油管条件下（62mm油管内径），气井临界携液产气量介于（2.30～3.08）×10⁴m³/d；3½in油管条件下（76mm油管内径），气井临界携液产气量介于（3.45～4.62）×10⁴m³/d；4in油管条件下（88mm油管内径），气井临界携液产气量介于（4.62～6.20）×10⁴m³/d；4½in油管条件下（100mm油管内径），气井临界携液产气量介于（5.97～8.00）×10⁴m³/d（见图3-26）。

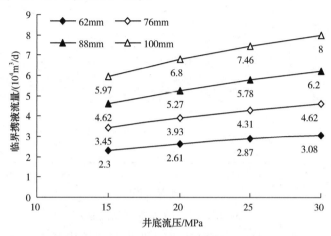

图3-26　直井不同管径不同井底流压下临界携液流量

根据式（3-13）和式（3-14），分别计算在井口温度40℃条件下，直井4种不同油管内径（2⅞in、3½in和4in和4½in）和不同井口流压（12MPa、14MPa、16MPa、18MPa和20MPa）的井口临界携液产气量变化范围。计算结果表明，井口温度40℃条件下，随着井口流压和油管内径的增加，气井临界携液产气量逐渐增大，2⅞in油管条件下（62mm油管内径），气井临界携液产气量介于（2.51～3.18）×10⁴m³/d；3½in油管条件下（76mm油管内径），气井临界携液产气量介于（3.77～4.77）×10⁴m³/d；4in油管条件下（88mm油管内径），气井临界携液产气量介于（5.05～6.40）×10⁴m³/d；4½in油管条件下（100mm油管内径），气井临界携液产气量介于（6.52～8.26）×10⁴m³/d（见图3-27）。

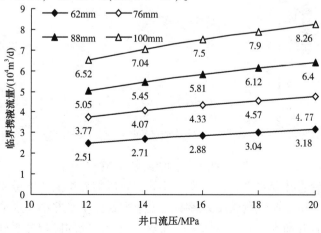

图3-27　直井不同管径不同井口流压下临界携液流量

根据式(3-13)和式(3-15)，分别计算水平井在油管内径 100mm(4½in)、不同井底流压(15MPa、20MPa、25MPa、30MPa)、井底温度 120℃条件下，井底临界携液产气量变化范围。计算结果表明，井底温度 120℃条件下，随着井底流压的增加，气井临界携液产气量逐渐增大，气井临界携液产气量介于(10.75～14.71)×10⁴m³/d(见图 3-28)。

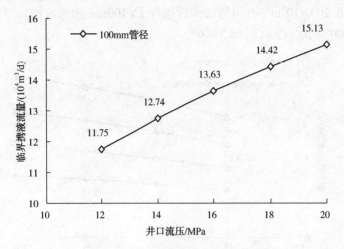

图 3-28　水平井井底临界携液能力

根据式(3-13)和式(3-15)，分别计算水平井在油管内径 100mm(4½in)、不同井口流压(12MPa、14MPa、16MPa、18MPa、20MPa)、井口温度 40℃条件下，井口临界携液产气量变化范围。计算结果表明，井口温度 40℃条件下，随着井口流压的增加，气井临界携液产气量逐渐增大，气井临界携液产气量介于(11.75～15.13)×10⁴m³/d(见图 3-29)。

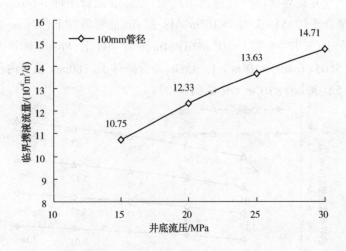

图 3-29　水平井井口临界携液能力

综上所述，不论直井或水平井，同等条件下，井口临界携液产气量要略高于井底临界携液产气量；直井临界携液产气量受压力影响变化幅度要比水平井小；水平井临界携液产气量要明显高于直井；直井和水平井临界携液产气量受油管内径的影响最明显。

第二节　储气库气井注入能力

气体注入过程中，地层中的流动方程如下：

$$p_{wf}^2 - p_r^2 = Aq_{sc} + Bq_{sc}^2 \qquad (3-16)$$

气体注入过程中，气体在井筒中的流动方程如下：

$$p_{wf} = \sqrt{p_{tf}^2 e^{2S} - \frac{1.324 \times 10^{-18} f\left(\overline{TZ}\right)^2 q_{sc}^2}{d^5}(e^{2S} - 1)} \qquad (3-17)$$

由于没有注气实验数据，这里假定直井和水平井的注入与采出过程是可逆的，则直井和水平井的地层流出方程为：

Ⅰ类直井：

$$p_r^2 - p_{wf}^2 = 22.9734 q_{sc} + 0.1373 q_{sc}^2 \qquad (3-18)$$

Ⅲ类直井：

$$p_r^2 - p_{wf}^2 = 34.5317 q_{sc} + 0.4014 q_{sc}^2 \qquad (3-19)$$

水平井见水前：

$$p_r^2 - p_{wf}^2 = 4.7551 q_{sc} + 0.0109 q_{sc}^2 \qquad (3-20)$$

水平井见水后：

$$p_r^2 - p_{wf}^2 = 13.7911 q_{sc} + 0.0577 q_{sc}^2 \qquad (3-21)$$

根据Ⅰ、Ⅲ类直井和水平井注入过程中流入和流出方程及相关计算参数分别绘制流入和流出曲线，即可得到不同油管尺寸、不同地层压力、井口压力条件下Ⅰ、Ⅲ类直井的最大注入能力范围。

对于Ⅰ类直井而言，计算结果表明，地层压力越高、井口注入压力越低，注入能力越小（见图3-30~图3-32）。25MPa井口注入压力条件下，当地层压力从26MPa升高至32MPa过程中，井底压力保持在30MPa附近，不同管径Ⅰ类直井最大注入能力低于$10 \times 10^4 \mathrm{m}^3/\mathrm{d}$。30MPa井口注入压力条件下，当地层压力从26MPa升高至32MPa过程中，井底压力保持在35MPa附近，不同管径Ⅰ类直井最大注入能力介于$(10 \sim 22) \times 10^4 \mathrm{m}^3/\mathrm{d}$。35MPa井口注入压力条件下，当地层压力从26MPa升高至32MPa过程中，不同管径Ⅰ类直井最大注入能力高于$25 \times 10^4 \mathrm{m}^3/\mathrm{d}$，井底压力保持在40MPa附近，接近地层破裂压力，可见井口注入压力不能高于35MPa，否则容易造成地层破裂。

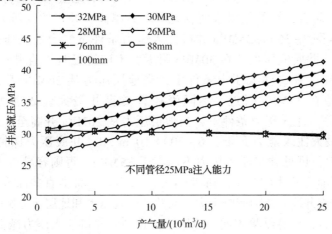

图3-30　Ⅰ类直井25MPa井口注入压力下流入流出曲线

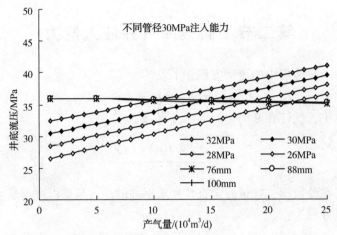

图 3-31　Ⅰ类直井 30MPa 井口注入压力下流入流出曲线

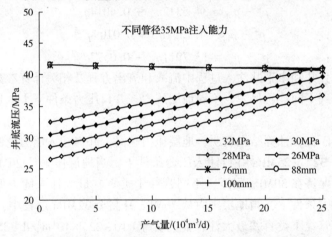

图 3-32　Ⅰ类直井 35MPa 井口注入压力下流入流出曲线

　　对于三种不同油管尺寸(3½in、4in 和 4½in)而言，Ⅰ类直井注入能力变化不明显，即直井管径对Ⅰ类直井注入能力影响不大，而井口注入压力和地层压力影响较大。

　　对于Ⅲ类直井而言，计算结果表明，地层压力越高、井口注入压力越低，注入能力越小(见图 3-33~图 3-35)。25MPa 井口注入压力条件下，当地层压力从 26MPa 升高至 32MPa 过程中，井底流压保持在 30MPa 附近，不同管径Ⅲ类直井最大注入能力低于 $10×10^4 m^3/d$。30MPa 井口注入压力条件下，当地层压力从 26MPa 升高至 32MPa 过程中，井底流压保持在 35MPa 附近，不同管径Ⅲ类直井最大注入能力介于 $(7~15)×10^4 m^3/d$。35MPa 井口注入压力条件下，当地层压力从 26MPa 升高至 32MPa 过程中，不同管径Ⅲ类直井最大注入能力介于 $(16~20)×10^4 m^3/d$，井底压力保持在 40MPa 附近，接近地层破裂压力，可见井口注入压力不能高于 35MPa，否则容易造成地层破裂。

　　对于三种不同油管尺寸(3½in、4in 和 4 1/2in)而言，Ⅲ类直井注入能力变化不明显，即直井管径对Ⅲ类直井注入能力影响不大，而井口注入压力和地层压力影响较大。

　　对于水平井而言，计算结果表明，地层压力越高、井口注入压力越低，注入能力越小(见图 3-36~图 3-41)。

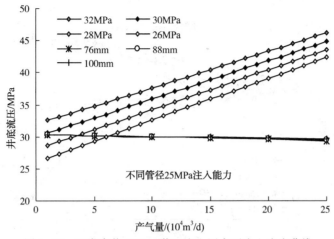

图 3-33　Ⅲ类直井 25MPa 井口注入压力下流入流出曲线

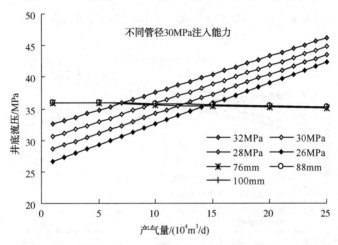

图 3-34　Ⅲ类直井 30MPa 井口注入压力下流入流出曲线

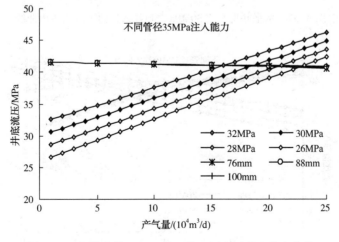

图 3-35　Ⅲ类直井 35MPa 井口注入压力下流入流出曲线

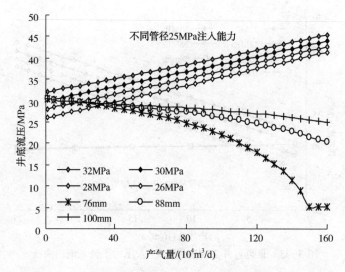

图 3-36　水平井见水前 25MPa 井口注入压力下流入流出曲线

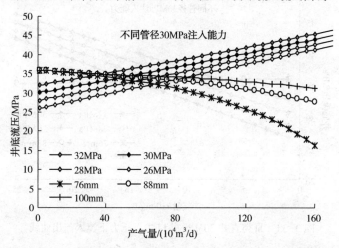

图 3-37　水平井见水前 30MPa 井口注入压力下流入流出曲线

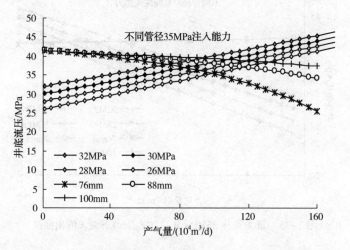

图 3-38　水平井见水前 35MPa 井口注入压力下流入流出曲线

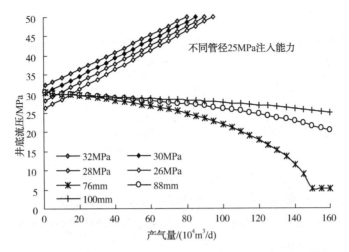

图 3-39 水平井见水后 25MPa 井口注入压力下流入流出曲线

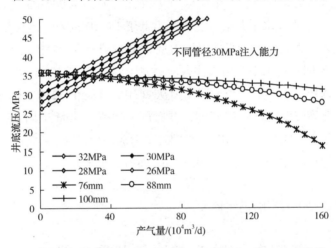

图 3-40 水平井见水后 30MPa 井口注入压力下流入流出曲线

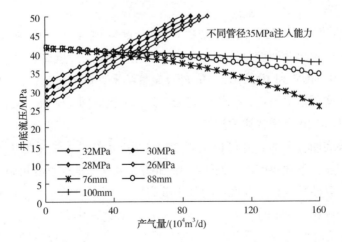

图 3-41 水平井见水后 35MPa 井口注入压力下流入流出曲线

1）水平井见水前注入能力

25MPa 井口注入压力条件下，当地层压力从 26MPa 升高至 32MPa 过程中，井底流压保持在 30MPa 附近，不同管径水平井最大注入能力低于 $30 \times 10^4 m^3/d$。

30MPa 井口注入压力条件下，当地层压力从 26MPa 升高至 32MPa 过程中，井底流压保持在 35MPa 附近，不同管径水平井最大注入能力介于 $(35 \sim 90) \times 10^4 m^3/d$。

35MPa 井口注入压力条件下，当地层压力从 26MPa 升高至 32MPa 过程中，不同管径水平井最大注入能力介于 $(70 \sim 130) \times 10^4 m^3/d$，井底压力保持在 40MPa 附近，接近地层破裂压力，可见井口注入压力不能高于 35MPa，否则容易造成地层破裂。

对于三种不同油管尺寸（3½in、4in 和 4½in）而言，水平井井注入能力变化较明显，即水平井管径对水平井注入能力影响较大，井口注入压力和地层压力影响也较大。

2）水平井见水后注入能力

25MPa 井口注入压力条件下，当地层压力从 26MPa 升高至 32MPa 过程中，井底流压保持在 30MPa 附近，不同管径水平井最大注入能力低于 $15 \times 10^4 m^3/d$。

30MPa 井口注入压力条件下，当地层压力从 26MPa 升高至 32MPa 过程中，井底流压保持在 35MPa 附近，不同管径水平井最大注入能力介于 $(15 \sim 35) \times 10^4 m^3/d$。

35MPa 井口注入压力条件下，当地层压力从 26MPa 升高至 32MPa 过程中，不同管径水平井最大注入能力介于 $(35 \sim 55) \times 10^4 m^3/d$，井底压力保持在 40MPa 附近，接近地层破裂压力，可见井口注入压力不能高于 35MPa，否则容易造成地层破裂。

对于三种不同油管尺寸（3½in、4in 和 4½in）而言，水平井井注入能力变化已不再明显，即水平井见水后，由于注入能力大幅度降低，导致管径对水平井注入能力影响已不再明显，但井口注入压力和地层压力影响仍然较大。

第三节　数值模拟气井注采能力

以目的区块地质模型为基础，直井分别赋予平均产量 $5 \times 10^4 m^3/d$、$10 \times 10^4 m^3/d$、$15 \times 10^4 m^3/d$、$20 \times 10^4 m^3/d$ 和 $25 \times 10^4 m^3/d$ 进行交替注采，水平井分别赋予平均产量 $20 \times 10^4 m^3/d$、$40 \times 10^4 m^3/d$、$60 \times 10^4 m^3/d$、$80 \times 10^4 m^3/d$ 和 $100 \times 10^4 m^3/d$ 进行交替注采。每个交替注采周期内注采及平衡时间根据大庆油田实际情况设定，注气时间 153 天，采气时间 172 天，交替注采间隙平衡时间共 40 天，总共模拟 10 个交替注采周期。

数值模拟结果表明，Ⅰ类直井可以实现 $25 \times 10^4 m^3/d$ 的最大注采能力，且注采过程中，井底压力低于破裂压力下限 40MPa（见图 3-42 和图 3-43）。Ⅲ类直井可以实现 $10 \times 10^4 m^3/d$ 的最大注采能力，且注采过程中井底压力低于破裂压力下限 40MPa（见图 3-44 和图 3-45）。水平井可以实现 $80 \times 10^4 m^3/d$ 的最大注采能力，且注采过程中井底压力低于破裂压力下限 40MPa，但超过此采出规模后，采出阶段不能保持稳定，注入阶段超过此规模后，会导致井底压力逐渐高于破裂压力下限 40MPa（见图 3-46 和图 3-47）。

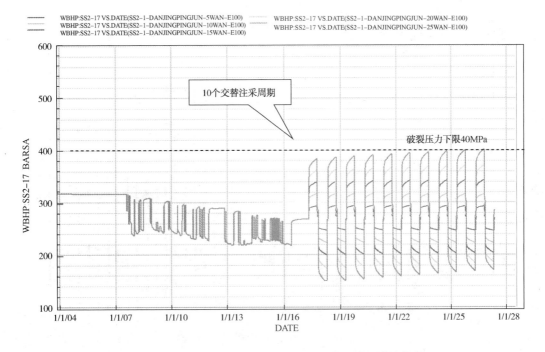

图 3-42　Ⅰ类直井不同注入与采出规模产量模拟效果截图

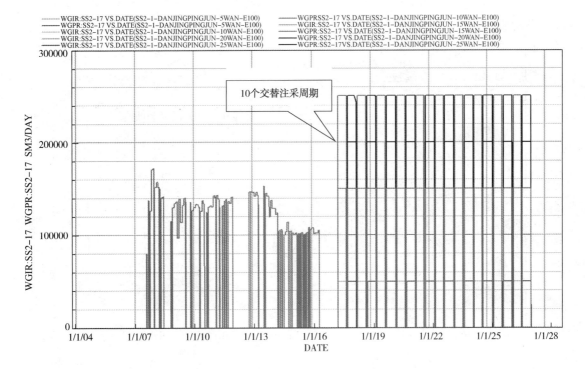

图 3-43　Ⅰ类直井不同注入与采出规模井底压力模拟效果截图

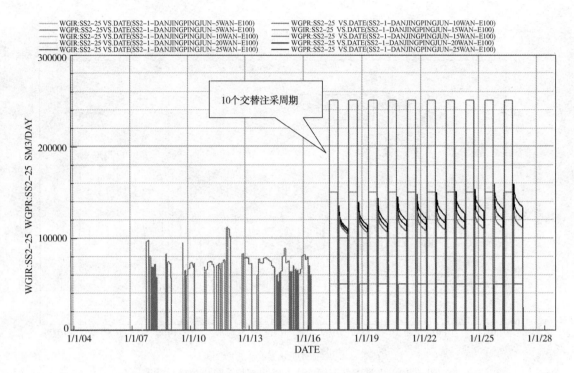

图 3-44   Ⅲ类直井不同注入与采出规模产量模拟效果截图

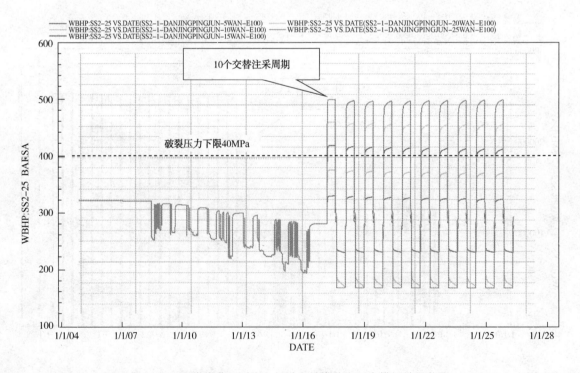

图 3-45   Ⅲ类直井不同注入与采出规模井底压力模拟效果截图

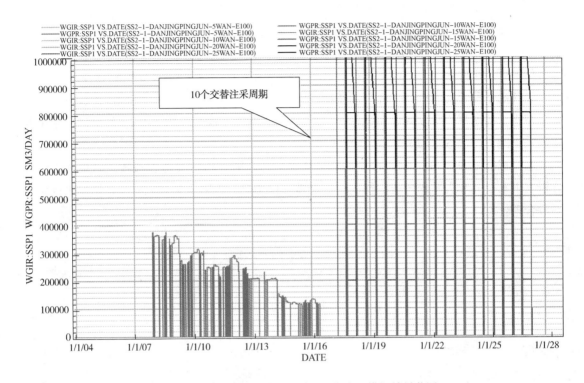

图 3-46 水平井不同注入与采出规模产量模拟效果截图

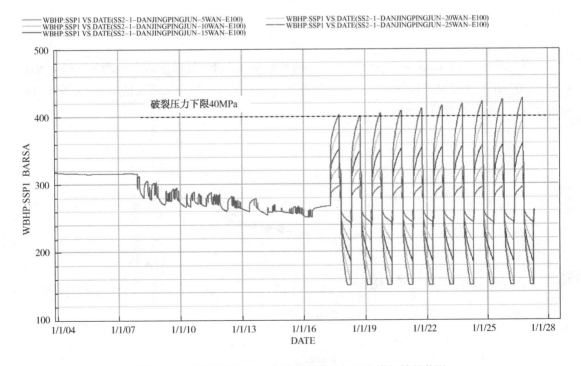

图 3-47 水平井不同注入与采出规模井底压力模拟效果截图

第四节 水平井水平段合理长度

从 DS 气田水平井开发实践来看，储层钻遇率在 80% 以上，Ⅰ类储层钻遇率在 60% 以上，设计水平段长度 500~800m 即可获得较好的增产效果，研究工区Ⅰ类储层比较发育，具有缩短水平井水平段长度的地质条件，目前已知 S1 井水平段长度为 595m，能够满足水平井注入采出能力 $(30~50)\times10^4 m^3/d$ 的要求。

通过拟合 S1 井产能，可以确定研究区块水平井产能方程相关地质参数，再根据敏感性分析，由水平井和直井的产能替换比、产能替换比增幅、无阻流量和无阻流量增幅来确定水平段合理长度。

根据各类水平井产能计算模型应用效果发现，Joshi 模型应用效果较好。

$$q_h = \frac{774.6K_h h/\mu ZT(p_e^2 - p_{wf}^2)}{\ln(\frac{a + \sqrt{a^2 - (L/2)^2}}{L/2}) + \frac{\beta h}{L}\ln(\frac{\beta h}{2r_{wh}}) + S_h} \qquad (3-22)$$

$$q_v = \frac{774.6K_h h/\mu ZT(p_e^2 - p_{wf}^2)}{\ln(r_{ev}/r_{wv}) + S_v} \qquad (3-23)$$

$$a = \frac{L}{2}\left[0.5 + \sqrt{0.25 + (\frac{2r_{eh}}{L})^4}\right]^{1/2} \qquad (3-24)$$

$$\beta = \sqrt{K_h/K_v}$$

$$r_{eh} = \sqrt{r_{ev}(r_{ev} + 2L/\pi)} \qquad (3-25)$$

根据式(3-22)~式(3-25)分别计算了两种储层条件下(气层渗透率分别为 $3\times10^{-3}\mu m^2$ 和 $1\times10^{-3}\mu m^2$)水平井产能替换比、产能替换比增幅、无阻流量和无阻流量增幅(见图 3-48、图 3-49、图3-50 和图 3-51)。

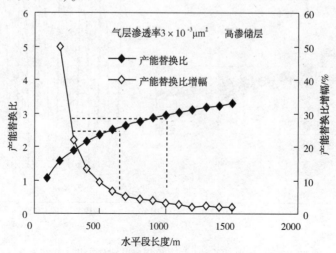

图 3-48 高渗储层水平井产能替换比及增幅与水平段长度关系

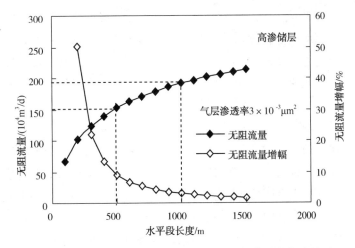

图 3-49 高渗储层水平井无阻流量及增幅与水平段长度关系

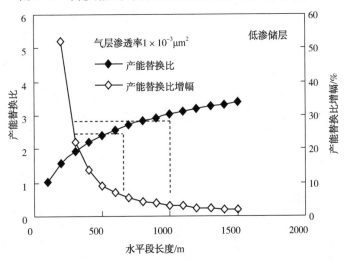

图 3-50 低渗储层水平井产能替换比及增幅与水平段长度关系

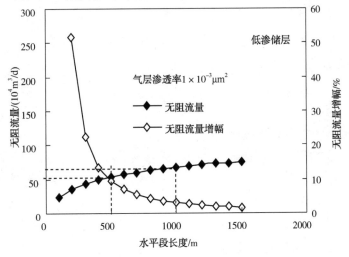

图 3-51 低渗储层水平井无阻流量及增幅与水平段长度关系

从该区块产能评价来看，不论高渗储层（$3×10^{-3}\mu m^2$）或低渗储层（$1×10^{-3}\mu m^2$）水平井产能替换比及产能替换比增幅变化规律是一致的，均表现为随着水平段长度增大，产能替换比逐渐增大，产能替换比增幅逐渐减小，在水平段长度介于500~1000m，水平井产能替换比可以达到2.5~3.0，且水平段长度超过1000m后，水平井产能替换比增加幅度低于10%，经济效益已不显著。

高渗储层（$3×10^{-3}\mu m^2$）或低渗储层（$1×10^{-3}\mu m^2$）水平井无阻流量及无阻流量增幅变化规律是一致的，均表现为随着水平段长度增大，无阻流量逐渐增大，无阻流量增幅逐渐减小，在水平段长度介于500~1000m，高渗储层条件下（$3×10^{-3}\mu m^2$），水平井无阻流量可以达到（150~200）×$10^4 m^3/d$，且水平段长度超过1000m后，水平井无阻流量增加幅度低于10%，经济效益已不明显。低渗条件下（$1×10^{-3}\mu m^2$），水平井无阻流量可以达到（50~60）×$10^4 m^3/d$，且水平段长度超过1000m后，水平井无阻流量增加幅度低于10%，经济效益已不明显。

第四章

交替注采条件下水侵影响研究

以相关地质参数为基础,建立了储气库交替注采水侵影响分析模型,共制订了10个交替注采周期条件下5套不同注采规模的模拟方案。每个注采周期内注气时间153天,采气时间172天,注采结束后平衡期各20天。

第一节 交替注采水侵对库容的影响

模拟方案1:直井单个周期注采规模$765×10^4m^3$,单井注入产量$5×10^4m^3/d$,采出产量$4.45×10^4m^3/d$;水平井单个周期注采规模$3060×10^4m^3$,单井注入产量$20×10^4m^3/d$,采出产量$17.79×10^4m^3/d$。

模拟方案2:直井单个周期注采规模$1530×10^4m^3$,单井注入产量$10×10^4m^3/d$,采出产量$8.90×10^4m^3/d$;水平井单个周期注采规模$6120×10^4m^3$,单井注入产量$40×10^4m^3/d$,采出产量$35.58×10^4m^3/d$。

模拟方案3:直井单个周期注采规模$2295×10^4m^3$,单井注入产量$15×10^4m^3/d$,采出产量$13.34×10^4m^3/d$;水平井单个周期注采规模$9180×10^4m^3$,单井注入产量$60×10^4m^3/d$,采出产量$53.37×10^4m^3/d$。

模拟方案4:直井单个周期注采规模$3060×10^4m^3$,单井注入产量$20×10^4m^3/d$,采出产量$17.79×10^4m^3/d$;水平井单个周期注采规模$12240×10^4m^3$,单井注入产量$80×10^4m^3/d$,采出产量$71.16×10^4m^3/d$。

模拟方案5:直井单个周期注采规模$3825×10^4m^3$,单井注入产量$25×10^4m^3/d$,采出产量$22.24×10^4m^3/d$。水平井单个周期注采规模$15300×10^4m^3$,单井注入产量$100×10^4m^3/d$,采出产量$88.95×10^4m^3/d$。

直井和水平井交替注采条件下,水侵对库容具有相似的影响规律,随着注采规模的增加,水侵影响范围逐渐扩大,而且水侵影响也具有周期性变化特征。横向上和纵向上进入水区的气体随注采规模的增加而逐渐增加(见图4-1~图4-10)。

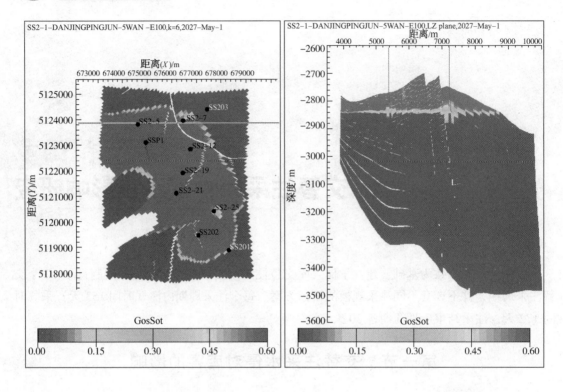

图 4-1　模拟方案 1：直井 10 个周期交替注采后含气饱和度平面图与剖面图

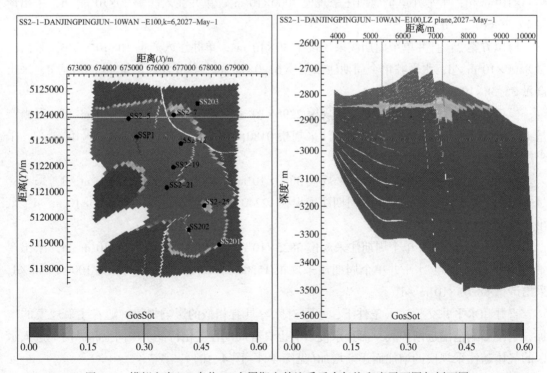

图 4-2　模拟方案 2：直井 10 个周期交替注采后含气饱和度平面图与剖面图

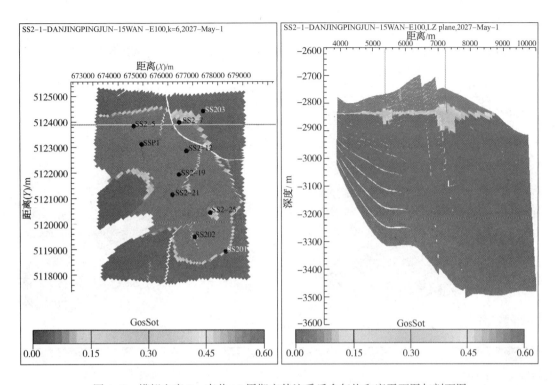

图4-3 模拟方案3：直井10周期交替注采后含气饱和度平面图与剖面图

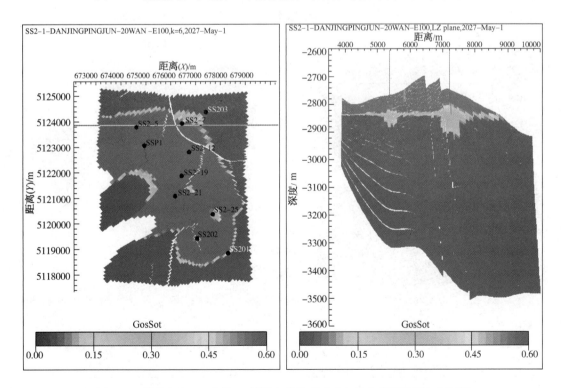

图4-4 模拟方案4：直井10周期交替注采后含气饱和度平面图与剖面图

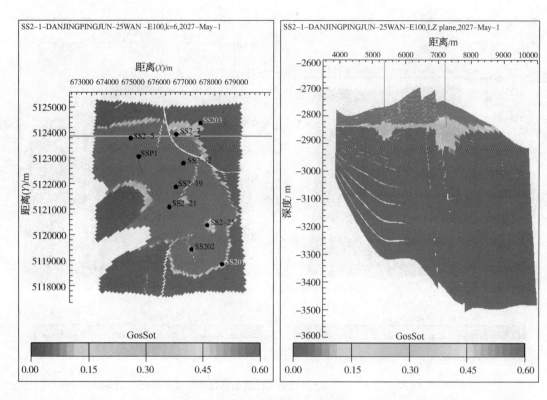

图 4-5　模拟方案 5：直井 10 周期交替注采后含气饱和度平面图与剖面图

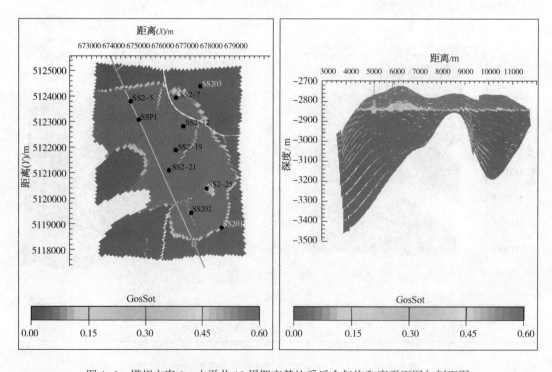

图 4-6　模拟方案 1：水平井 10 周期交替注采后含气饱和度平面图与剖面图

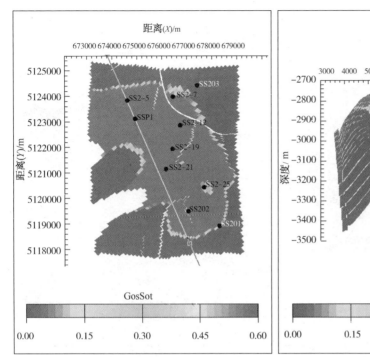

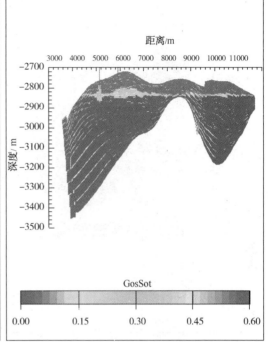

图 4-7　模拟方案 2：水平井 10 周期交替注采后含气饱和度平面图与剖面图

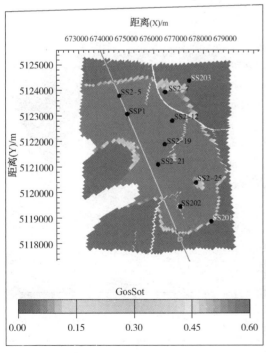

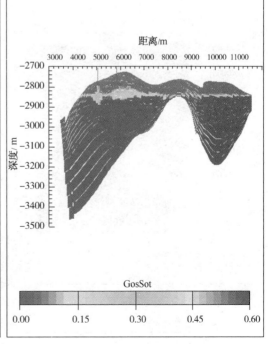

图 4-8　模拟方案 3：水平井 10 周期交替注采后含气饱和度平面图与剖面图

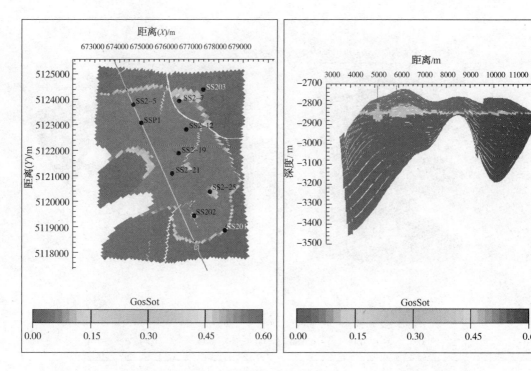

图4-9　模拟方案4：水平井10周期交替注采后含气饱和度平面图与剖面图

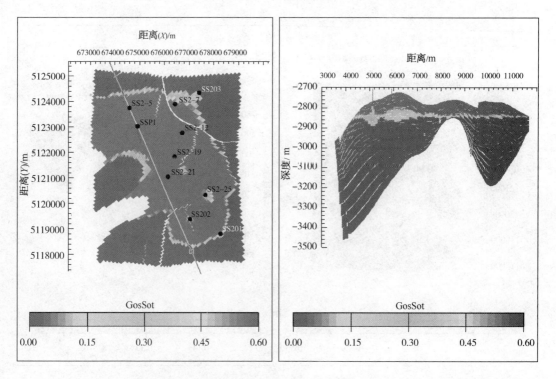

图4-10　模拟方案5：水平井10周期交替注采后含气饱和度平面图与剖面图

在注入和采出规模相等的条件下，总的库容量基本保持稳定（见图 4-11 和图 4-12），但以原始气水界面为分界线对总库容量进行细分后发现，气水界面以上的含气区域，随着单井注入量和采出量的增加，库容量表现为逐渐减小的趋势，单井注入和采出量越大，含气区库容量减少越明显。对直井而言，在单井注采气量从 $5×10^4 m^3/d$ 逐渐增大到 $25×10^4 m^3/d$ 过程中，气水界面以上区域库容量损失最大可达 $0.1×10^8 m^3$（见图 4-13），当单井注采气量介于 $(5~10)×10^4 m^3/d$ 时，气水界面以上区域库容量损失相对较小，低于 $0.006×10^8 m^3$，而单井注采气量为 $15×10^4 m^3/d$、$20×10^4 m^3/d$ 和 $25×10^4 m^3/d$ 时，库容量损失为 $10×10^4 m^3/d$ 注采气量库容损失的 3.5 倍、7.7 倍和 16.8 倍。

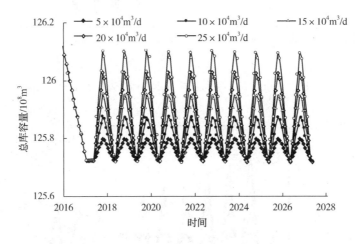

图 4-11　直井 10 周期交替注采总库容量变化曲线

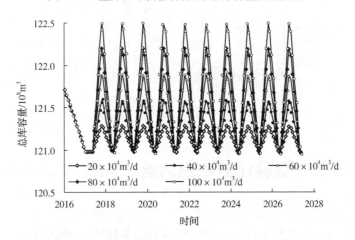

图 4-12　水平井 10 周期交替注采总库容量变化曲线

对水平井而言，在单井注采规模从 $20×10^4 m^3/d$ 逐渐增大到 $100×10^4 m^3/d$ 过程中，气水界面以上区域库存量损失最大可达 $0.69×10^8 m^3$（见图 4-14）。单井注采气量介于 $(20~40)×10^4 m^3/d$ 时，气水界面以上区域库容量损失相对较小，低于 $0.086×10^8 m^3$，而单井注采气量为 $60×10^4 m^3/d$、$80×10^4 m^3/d$、$100×10^4 m^3/d$ 时，库容量损失为 $40×10^4 m^3/d$ 注采气量库容损失的 2.2 倍、4.6 倍和 8.1 倍。

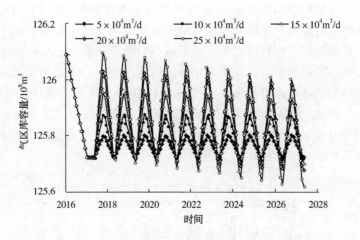

图 4-13　直井 10 周期交替注采气水界面上方库容量变化曲线

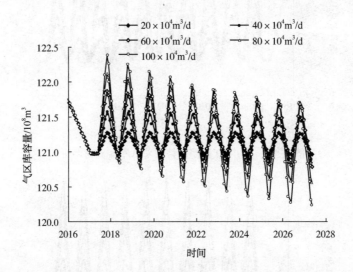

图 4-14　水平井 10 个周期交替注采气水界面上方库容量变化曲线

第二节　交替注采水侵对含气孔隙体积的影响

对直井而言，在单井注采气量从 $5\times10^4m^3/d$ 逐渐增大到 $25\times10^4m^3/d$ 过程中，气水界面以上区域含气孔隙体积损失最大可达 $4.85\times10^4m^3$（见图 4-15）。单井注采气量介于 $(5\sim10)\times10^4m^3/d$ 时，气水界面以上区域含气孔隙体积损失相对较小，低于 $0.58\times10^4m^3$。而单井注采气量为 $15\times10^4m^3/d$、$20\times10^4m^3/d$ 和 $25\times10^4m^3/d$ 时，含气孔隙体积损失分别为 $10\times10^4m^3/d$ 注采气量含气孔隙体积损失的 2.4 倍、4.4 倍和 8.4 倍。

对水平井而言，在单井注采气量从 $20\times10^4m^3/d$ 逐渐增大到 $100\times10^4m^3/d$ 过程中，气水界面以上区域含气孔隙体积损失最大可达 $29.21\times10^4m^3$（见图 4-16）。单井注采气量介于 $(20\sim40)\times10^4m^3/d$ 时，气水界面以上区域含气孔隙体积损失相对较小，低于 $3.61\times10^4m^3$。

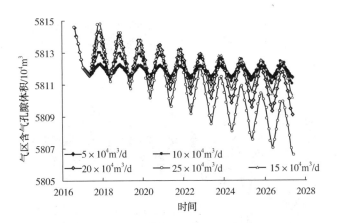

图 4-15 直井 10 周期交替注采气水界面上方含气孔隙体积变化曲线

而单井注采气量为 $60×10^4m^3/d$、$80×10^4m^3/d$ 和 $100×10^4m^3/d$ 时，含气孔隙体积损失分别为 $40×10^4m^3/d$ 注采气量含气孔隙体积损失的 2.1 倍、4.7 倍和 8.1 倍。

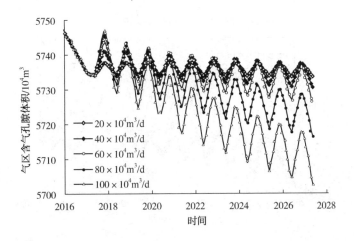

图 4-16 水平井 10 周期交替注采气水界面上方含气孔隙体积变化曲线

第三节 交替注采水侵对水侵量的影响

对直井而言，在单井注采气量从 $5×10^4m^3/d$ 逐渐增大到 $25×10^4m^3/d$ 过程中，气水界面以上区域水侵量最大可达 $69.68×10^4m^3$（见图 4-17）。单井注采气量介于 $5\sim10×10^4m^3/d$ 时，单井水侵量相对较小，低于 $65×10^4m^3$，而单井注采气量为 $15×10^4m^3/d$、$20×10^4m^3/d$ 和 $25×10^4m^3/d$ 时，气藏水侵量介于 $(66\sim70)×10^4m^3$。

对水平井而言，在单井注采气量从 $20×10^4m^3/d$ 逐渐增大到 $100×10^4m^3/d$ 过程中，气水界面以上区域含气孔隙体积损失最大可达 $162.51×10^4m^3$（见图 4-18）。单井注采气量介于 $(20\sim40)×10^4m^3/d$ 时，单井水侵量相对较小，低于 $135×10^4m^3$，而单井注采气量为 $60×10^4m^3/d$、$80×10^4m^3/d$、$100×10^4m^3/d$ 时，气藏水侵量介于 $(140\sim163)×10^4m^3$。

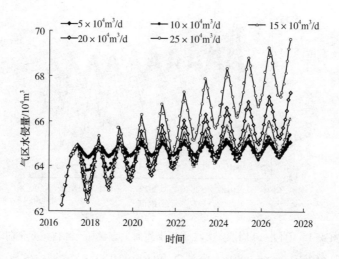

图 4-17　直井 10 个周期交替注采气水界面上方水侵量变化曲线

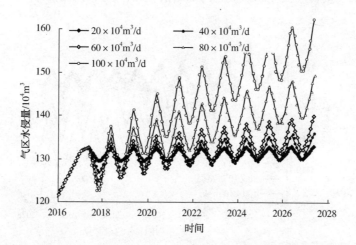

图 4-18　水平井 10 个周期交替注采气水界面上方水侵量变化曲线

第五章

岩芯分析实验

第一节　盖层岩芯突破压力实验

一、基本原理

岩芯被润湿性流体饱和后，非润湿性流体应克服岩石的毛细管阻力才能排驱润湿性流体。岩石的毛细管半径越小，则阻力越大，所需突破压力越高。给岩芯夹持器内的岩芯加压，逐渐增加进口端的试验压力，当压力使气体在岩芯中形成连续流动相时，对应的进、出口端压差即为突破压力。

二、实验流程

实验流程见图 5-1。突破压力测试装置见图 5-2。

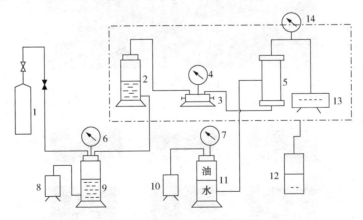

图 5-1　突破压力实验流程图

1—气瓶；2—加湿器；3—多通阀；4、6、7、14—压力计；5—夹持器；8、10—加压泵；
9—活塞式中间容器；11—中间容器；12—温度控制仪；13—气泡监测装置

图 5-2 突破压力测试装置

三、仪器与材料

1. 仪器仪表

主要设备：中间容器（20.0MPa）、电子压力表、自制岩芯夹持器（50.0MPa）、六通阀、平流泵（30.0MPa）、温度控制仪（±0.1℃）、电子天平（0.001g）、游标卡尺（0.02mm）。

2. 实验材料

氮气、煤油、氯化钾、氯化钠、氯化钙等。泥岩遇水极易发生膨胀破碎，因此采用中性煤油饱和。采用矿化度为 8%（质量分数）的标准盐水或 KCl 溶液；

标准盐水配方为 $m(NaCl):m(CaCl):m(MgCl_2 \cdot 6H_2O)=7:0.6:0.4$（质量比）。

3. 岩芯制备

制样、烘干按 SY/T 5336 的规定执行，样品的钻取应垂直于地层方向，采用线性切割机对岩芯进行加工，见图 5-3（a）。岩芯长度为 1.0~2.0cm，见图 5-3（b）。

(a)泥岩线切割机

(b)岩样

图 5-3 岩芯制备中的仪器和岩样实图

四、实验条件

实验模拟地层温度为45℃。根据表5-1给出的岩芯空气渗透率，选择实验加压的起始压差。

表5-1 起始压差选择表

空气渗透率 $k/10^{-3}\mu m^2$	起始压差/MPa
$k>0.1$	0.1
$0.1 \geqslant k > 0.01$	0.5
$0.01 \geqslant k > 0.001$	3.0
$k \leqslant 0.001$	5.0

根据岩芯密度判断岩芯空气渗透率最大值，选择起始压差为0.5MPa，若12h后，岩芯端面未见气体突破，则选择更大的起始压差进行实验。实验时岩芯所加净围压选择注入压力的1.5倍进行实验。根据实验情况确定实验压力的间隔和每个测压点的恒压时间。

五、实验步骤

（1）对岩芯抽真空，真空度达到-150.3Pa。继续抽真空24h，然后将脱气后的煤油引入样品杯饱和岩芯，继续抽空2h以上，直至观察不到气泡为止。

（2）将饱和煤油后的岩芯移至中间容器，加压15.0MPa并保持24h以上，使岩芯进一步充分饱和。

（3）将最后饱和好的岩芯装入岩芯夹持器（见图5-4），按图5-2连接好实验装置。

（4）实验温度设置为45℃后，确定值加净围压，达到设定值后稳定30min，实验过程中始终保持净围压为初始压差的1.5倍。

（5）接通气源至岩芯进口端，根据选择的起始压差和出口端压力调节进口端压力。然后按选定的恒压时间和实验压力间隔逐渐由低到高进行测定。

（6）通过突破压力测试系统，监测岩芯出口端模拟水的电阻率，出口端压差值对应突破压力测试系统（见图5-5）的电导率峰值，即为该岩芯的气体突破压力。

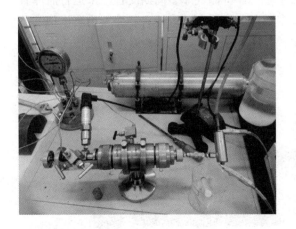

图5-4 自制岩芯突破压力测试夹持器

图5-5 突破压力测试系统界面

六、实验结果

气体突破压力与岩芯气测渗透率和孔隙度均具有较好相关性，基本呈线性关系（见图5-6和图5-7），随岩芯气测渗透率和孔隙度增加，气体突破压力增大。泥岩孔隙度在0.06%~0.15%时，对应突破压力在7.1~16.2MPa之间。

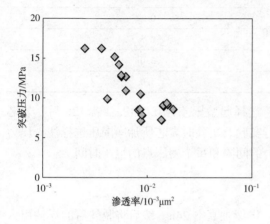

图 5-6　突破压力与气测渗透率关系

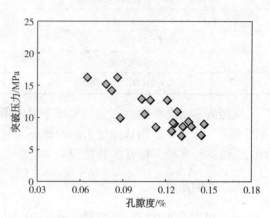

图 5-7　突破压力与孔隙度关系

第二节　储层岩芯气水互驱模拟实验

在气藏采气阶段，随气藏压力降低，底水会逐渐侵入气藏，出现水驱气的渗流现象。而在注气过程中，注入的气体使储气库的压力增加，气体将驱动水。储气库在多轮次注采过程中，形成气、水互驱的渗流特征。

一、多周期交替注采实验

对天然岩芯开展储层岩芯多周期交替注采实验，评价储气库多周期交替注采运行后库容和渗流能力变化规律。根据气藏型地下储气库多周期运行特点，设计岩芯注采仿真模拟实验系统。根据8轮注采循环过程中获取的饱和度、气量和液量数据，分析多周期交替注采过程中库容和注采能力变化规律。

1. 实验条件

1）实验材料

天然岩芯（见图5-8）、配制地层水。

图 5-8　测试样品

2）仪器设备

实验设备主要包括岩芯夹持器、气体流量控制器、液体驱替泵、压力传感器、液体过滤器、湿式流量计、电子天平、围压泵和气瓶等，设备满足温度、压力等实验要求。

3）实验步骤

气库运行压力为7MPa，围压采用上覆岩层压力。具体实验流程见图5-9，操作步骤如下：

（1）将岩芯抽真空饱和地层水，开始第一次注气至运行压力7MPa，直到不出水。

（2）关闭前端，稳定2h，再打开入口端，放气（采气速度比注气速度高2倍以上）直到岩芯中压力放完。计量采出水量，并根据采出水量等计算岩芯气、水饱和度。

（3）放完压力后，测试其气相渗透率，此时的驱替速度小于(1)中的注气速度。

（4）取出岩芯称重。此时，即为第一个周期。

（5）将岩芯放入岩芯夹持器中，进行第二次注气，至设定运行压力7MPa，如此直到8个周期后停止注入。

（6）取出岩芯，称重，再测试气、水饱和度。以此作为校验测试过程中计算岩芯气、水饱和度的依据。

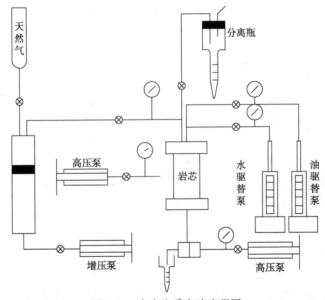

图 5-9 多次注采实验流程图

2. 结果分析

随注采次数增加，含水饱和度降低，含气饱和度升高，气测渗透率升高（见图5-10和图5-11）。经历8个轮次的注采后，含水饱和度由最初的62.2%降低至55.8%，相应的含气饱和度由最初的37.8%升高至44.2%，而气测渗透率由最初的$0.87 \times 10^{-3} \mu m^2$升高至$1.10 \times 10^{-3} \mu m^2$。随注采次数增加，含水饱和度降低，含气饱和度升高，气测渗透率升高，但变化幅度逐渐减小。主要是由于注入气体对岩芯具有干燥作用。岩芯中的水分被采出的气体携带出岩芯，导致含水饱和度下降。同时，在储气库的实际运行过程中，随着建库过程的继续进行，库内垫层气越来越多，注入气体携带水分的能力相应减小，含水饱和度下降趋势变缓。说明储气库的库容随着注采次数的增加而增加，当达到一定的储量后，储气量增加变缓。

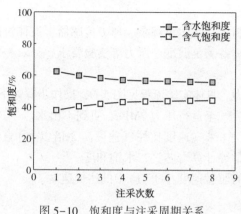

图 5-10　饱和度与注采周期关系

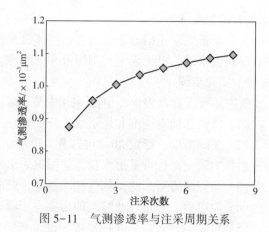

图 5-11　气测渗透率与注采周期关系

二、三维多周期交替注采实验

1. 实验原理

采用电阻率法原理检测物理模型各监测点处的含水饱和度，研究储气库多周期注采过程中气、水分布特征。

2. 实验条件

1）实验材料

物理模型为多监测点填砂模型，用于监测储气库多周期注采过程中气、水分布特征。

2）仪器设备

仪器设备包括气体流量控制器、液体驱替泵、液体过滤器、湿式流量计、电子天平和气瓶等。

3）实验步骤

实验设备见图 5-12，操作步骤如下：

（1）将填砂模型饱和水。

（2）将模型气驱水，直至完全出气。

（3）注气至 7MPa。

（4）周期注采 8 次，分别测定每轮次的含水饱和度和含气饱和度。

图 5-12　多测试点大型物理模拟装置

3. 结果分析

从图 5-13 中可以看出，注采初期，气体主要存在岩芯上部，随注采次数增加，岩芯底部含水饱和度降低，含气饱和度增加，总体表现为库容增大。实验过程中，含气饱和度和含水饱和度与注采周期关系见图 5-14 和图 5-15。在前 3 个周期时，库容增加明显，第 4 个轮次后，库容增大幅度逐渐变小。第 8 个轮次后，含气饱和度可以达到 60.5%。

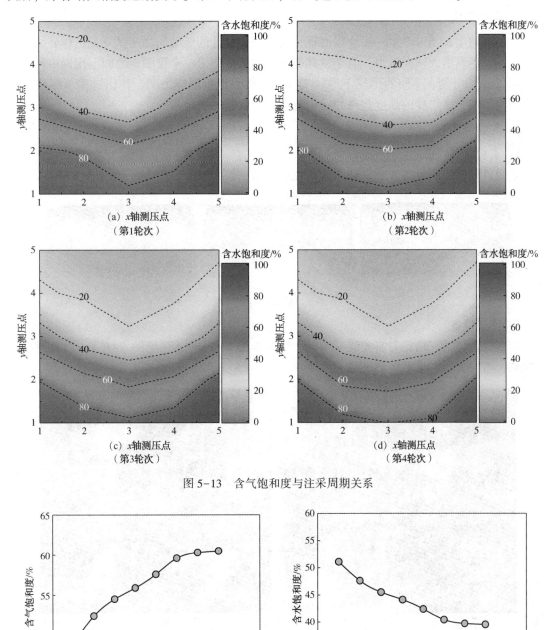

图 5-13　含气饱和度与注采周期关系

图 5-14　含气饱和度与注采周期关系

图 5-15　含水饱和度与注采周期关系

第三节 抗压强度实验

1. 实验原理

三轴压缩实验是以摩尔—库仑强度理论为依据而设计的三轴向加压试验，试样在某一固定围压下，逐渐增大轴向压力，直至试样破坏，据此可作出一个极限应力圆。用同一种岩样的 3~4 个试件分别在不同的围压下进行实验，可得一组极限应力圆。作出这些极限应力圆的公切线，即为该岩样的强度包络线，由此可求得岩样的强度指标。

2. 实验条件

1) 实验材料

采用目标储层的天然岩芯，加工成圆柱形样品，长 5cm，半径 2.5cm（见图 5-16）。

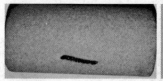

图 5-16 测试样品

2) 仪器设备

实验设备包括三轴应力实验测试系统、游标卡尺、电子秤等（见图 5-17）。设备满足储气库储、盖层岩芯力学参数测试的实验要求。

图 5-17 三轴应力实验测试系统

3) 实验步骤

严格执行"工程岩体试验方法"（GBT 50266—2013）标准，按三轴应力实验测试系统要求操作并测试岩芯，实验步骤如下：

（1）连接设备：先将岩芯柱塞入稍长于它的胶皮套管中，放入设备内的试样台上并连接上下两端的传感器，然后用吹风机热风对胶皮套管的两头进行均匀加热，使其紧紧贴合在传感器和岩芯的接口处。再将 3 个探针插入传感器 3 个方向的孔中并通过计算机进行调试，确保极值范围和灵敏度。最后将试样台推入设备中规定位置，降下密封罩，注入硅油。

（2）载荷施加：待硅油注满后即可通过计算机对密封罩内部的岩芯施加围压，然后匀速施加恒定大小的垂直载荷，直至试件破裂为止，描述破裂形式并记录最大载荷。

（3）数据处理：通过计算机生成应力—应变曲线。

3. 结果分析

应力应变曲线见图 5-18 和图 5-19。可以看出，曲线整体先升高后降低，当应变为 1%~1.5% 时，岩样发生破坏。绘制莫尔圆，见图 5-20 和图 5-21，最后求出抗压强度、弹性模量和泊松比等力学参数。

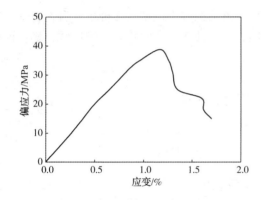

图 5-18　应力应变曲线

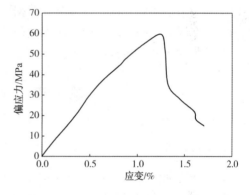

图 5-19　应力应变曲线

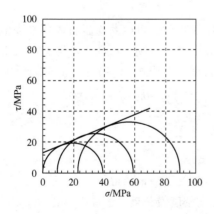

图 5-20　莫尔圆（第一组）

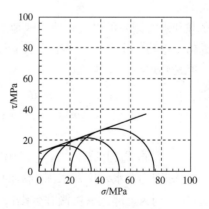

图 5-21　莫尔圆（第二组）

第六章
地应力研究

应用岩石力学实验数据，结合测井数据，建立单井地应力模型，评价单井岩石力学性质及原场应力，建立气藏不同方向地应力剖面，同时综合地质、地震建立三维地应力场，评价主要力学参数大小及分布特征。

第一节　地应力分析

一、上覆压力

垂向地应力通常称为上覆岩层压力，上覆岩层压力是上覆地层岩石与孔隙流体的总重量，通常将其表示为当量密度的形式，其随深度的变化曲线称为上覆岩层压力梯度曲线或剖面。上覆岩层压力梯度主要取决于岩石体密度随井深的变化情况，不同地区的上覆岩层压力梯度是不同的。

密度测井和声波测井可以直观地反映地层压实规律，可以获得岩石体积密度值。如果有密度测井资料，平均体积密度可以很容易地计算出来。否则，可从声波测井曲线上计算岩石体积密度，但是必须经过压实校正。利用密度数据，采用式（6-1）计算上覆地层压力梯度：

$$\sigma_v^i = \frac{\rho_w H_w + \rho_0 H_0 + \sum_i \rho_i dh_i}{H_w + H_0 + \sum_i dh_i} \qquad (6-1)$$

式中　σ_v^i——i点深度的上覆压力梯度，MPa/m；

ρ_w、H_w——分别为海水密度及水深（或补心高度），g/cm^3、m；

ρ_0、H_0——分别为上部无密度测井数据段平均密度及长度，g/cm^3、m；

ρ_i——测井密度数据，g/cm^3；

dh_i——对应ρ_i的测井层段厚度，m。

在实际项目研究中，一些井段，如表层和深海水环境，通常没有测井曲线，这种情况下，应尽可能地收集区域数据，构建拟合曲线，如指数曲线、幂函数曲线、多项式曲线等，以获取全井段的地层密度。

目标区块上覆岩层压力计算采用了体积密度积分的方法，计算分析情况如图6-1和图6-2所示，在表层采用密度或伪密度的外延趋势线进行计算，在有密度测井或声波测井数据井段，可以依据井眼形态选用密度测井数据，或者选用声波提取伪密度计算上覆岩层压力。区块目的层段上覆岩层压力在6~11MPa之间。

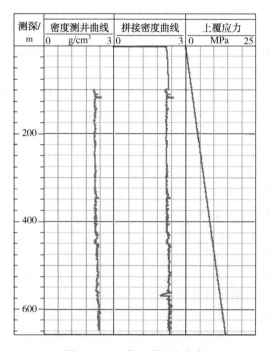

图6-1 S1井上覆应力分布

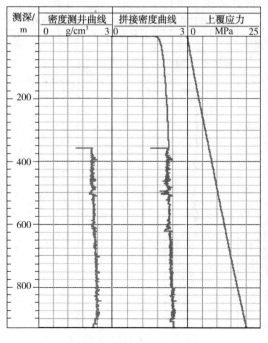

图6-2 S2井上覆应力分布

二、孔隙压力

地层孔隙压力是指岩石孔隙流体所具有的压力，在油气勘探、钻井工程以及油气开发中占有十分重要的地位。地层孔隙压力评价方法很多，本研究以测井资料为基础，采用高精度的地层压力预测和检测方法——欠压实理论，进行地层孔隙压力预测计算。在岩性和地层水变化不大的地层剖面中，正常压实地层的特点是随着地层深度的增加，上覆岩层荷载增加，泥页岩的压实程度增大，导致地层孔隙度不断减小，岩石密度增加，泥页岩的压实程度直接反应孔隙压力的变化。本次研究应用了泥岩欠压实理论分析了四站区块和朝52区块共10口井声波和密度资料，应用伊顿公式计算了这些井的地层孔隙压力，伊顿指数统一选用3.0。

$$p_{\mathrm{p}} = S - \left[(S - p_{\mathrm{NCT}}) \left(\frac{X_{\mathrm{NCT}}}{X_{\mathrm{OBS}}} \right)^{3.0} \right] \qquad (6-2)$$

式中　S——上覆岩层压力，MPa；

　　　p_{NCT}——正常压力，MPa；

　　　X_{NCT}——正常压力所对应的测井响应；

　　　X_{OBS}——实测的测井响应，本研究测井响应取纵波。

在正常压实地层中，X_{NCT} 与 X_{OBS} 接近，在异常高压地层中，X_{OBS} 与 X_{NCT} 有较大差别。对于伊顿法计算地层(孔隙)压力方法，分析区域地层正常压实趋势是计算地层(孔隙)压力的关键，在具体应用过程中，地层正常压实趋势由正常压实趋势线表示，在正常压实地层中，声波在对数坐标系下随深度呈线性变化规律。

对于泥页岩来讲，欠压实理论较为实用，但对于砂岩可能无法准确描述，研究在关心储层压力精度提高的角度，采用试油关复压解释，以及钻井中遇到的油气侵入井筒现象，对欠压实理论解释的地层压力进行精细标定控制，进而实现地层压力分析结果的可靠性。应用伊顿法和等效深度法对研究区孔隙压力进行了分析，计算结果见图6-3和图6-4。

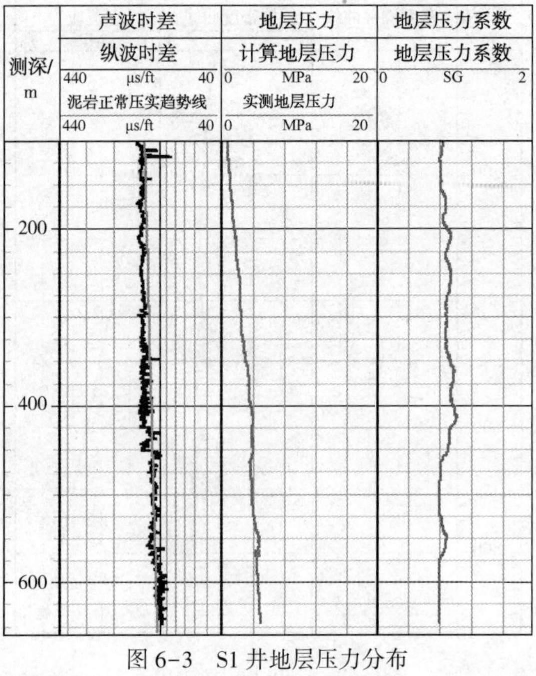

图6-3　S1井地层压力分布

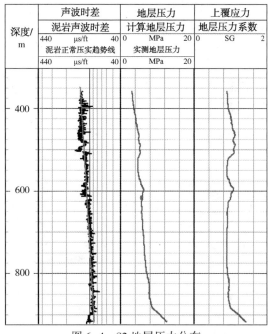

图 6-4　S2 地层压力分布

三、水平地应力

为提高地应力计算精度，考虑水平方向岩石变形差异影响，即在最小和最大主应力方向的地层变形均会对最小水平主应力有贡献，采用组合弹簧模型计算最小水平主应力，该方法中最小水平主应力计算中反映构造应力的参数包括最大和最小水平主应力方向的构造应变两个参数，需要通过测试样品点反算求取。另外，测井公式法能够反映储隔层应力差异。采用测井公式法分析了工区水平主应力。计算公式如下：

$$S_{hmin} = \frac{v}{1-v} S_v + \frac{1-2v}{1-v} \alpha p_p + \frac{E}{1-v^2} \varepsilon_x + \frac{vE}{1-v^2} \varepsilon_y \qquad (6-3)$$

$$S_{hmax} = \frac{v}{1-v} S_v + \frac{1-2v}{1-v} \alpha p_p + \frac{E}{1-v^2} \varepsilon_y + \frac{vE}{1-v^2} \varepsilon_x \qquad (6-4)$$

式中　S_v——上覆岩层压力，MPa；

$\quad\quad P_p$——孔隙压力，MPa；

$\quad\quad E$——弹性模量，MPa；

$\quad\quad v$——泊松比，无量纲；

$\quad\quad \alpha$——BIOT 系数，经验取值 1；

$\quad\varepsilon_x$、ε_y——构造应变。

该方法作为众多水平应力估算模型中常用的一种，其重点是确定构造系数值，即构造应变。本次研究以工区内岩石力学实验为基础，采用实验室得到的最大、最小水平主应力值进行标定，得到相应的构造应力系数。其中目标区块通过 S3 和 S4 两口井标定得到构造应力系数为 $\varepsilon_x = 0.00007$、$\varepsilon_y = 0.00012$。S3 和 S4 井地应力剖面见图 6-5 和图 6-6。

四、地应力剖面分析

垂向应力基本与层位埋深相关，埋藏深度大的垂向应力更大；最大、最小水平主应力除了埋深影响外，还与地层压力、岩性等相关，各井差异不大，范围基本一致。最大、最小水平主应力、垂向应力随深度增加有增大的趋势(见图6-7)。

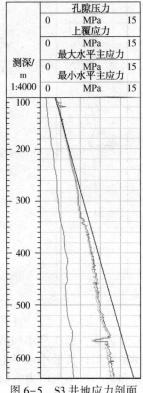

图6-5　S3井地应力剖面

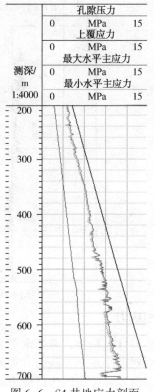

图6-6　S4井地应力剖面

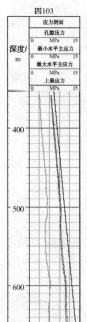

图6-7　地应力连井剖面图

第二节　三维地应力场建模

三维静态地应力模型要素和单井地应力模型基本相同，重在展现各要素的空间分布规律。对岩石力学三轴实验测试结果及单井剖面计算结果的综合分析，提取每口井的岩石力学弹性参数和岩石力学强度参数，以测井曲线的格式加入三维地质模型中，建立三维地应力场。此次主要建立上覆岩层压力、最小和最大水平主应力模型。

三维模型的各个要素在预测方法上有很大差异，其中上覆岩层压力和地层孔隙压力主要加强对地震层速度的分析，建立可靠的层速度模型，而层速度模型的精度直接决定着孔隙压力预测的成败。岩石力学参数和最小水平主应力主要通过相控建模，最大水平主应力通过有效应力比值法。

一、上覆岩层压力

三维上覆岩层压力采用的是密度积分，首先根据测井资料拟合出 Gardner 系数，应用 Gardner 公式，利用地震层速度求取密度，再用测井密度校正地震密度，最后进行地震密度反演最终得到密度数据体，根据三维体密度垂向积分原理，获取上覆岩层压力（见图 6-8），而此次的密度体通过上下组合而来，上部采用密度建模，目的层段采用反演的密度体进而得到组合密度体进行密度积分运算求取上覆岩层压力。

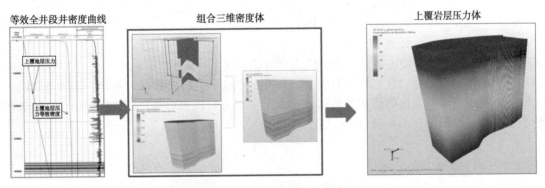

图 6-8　三维上覆岩层压力建模流程

气藏垂直主应力场分布规律为随着深度增加，垂直主应力值逐渐增大，垂直主应力值在 10~15MPa 之间（见图 6-9）。

二、最小水平主应力

最小水平主应力计算通常包括测井公式法和有效应力比值法两种方法，测井公式法能够反映储隔层应力差异，但是受到测井井段的限制，对测井数据具有较高的依赖性；有效应力比值法不受井段限制，只要有个别可靠的应力点就可以拟合全井段的应力。本项目研究综合考虑钻井和压裂需要，采用了有效应力比法分析了玛东 2 井区最小水平主应力。

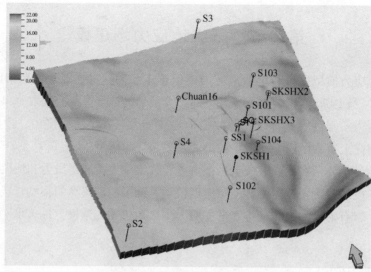

图 6-9　气藏垂向地应力分布

有效应力比法：

$$ESR_{Shmin} = \frac{S_{hmin} - p_p}{S_v - p_p}$$

$$ESR_{Shmax} = \frac{S_{hmax} - p_p}{S_v - p_p}$$

式中　　　S_v——上覆岩层压力，Pa；

p_p——孔隙压力，Pa；

S_{hmin}——最小水平应力，Pa；

S_{hmax}——最小水平应力，Pa；

ESR_{Shmin}、ESR_{Shmax}——最小、最大水平应力有效应力比。

最小水平主应力与岩性、埋深有关。以单井最小水平主应力数据为基础，求取有效应力比值，再利用有效应力比值法相控进行最小水平主应力的模拟运算(见图 6-10)。气藏水平最小主应力量值四站在 7.4~11MPa 之间。

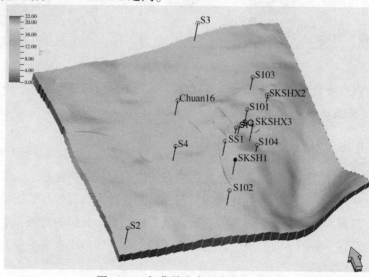

图 6-10　气藏最小水平主应力分布

三、最大水平主应力

单井地应力模型的建立为三维地应力模型的建立奠定了坚实基础，同时也为断层稳定性、盖层突破压力等工作提供了可靠的地质力学基础参数。三维最大水平主应力预测方法和最小水平主应力预测方法完全相同，采用有效应力比值法进行模拟预测。主应力方向的三维分布采用了构造约束的方法，同时在工区岩石力学属性已知的前提下利用井点数据模拟力的传导，得到了符合力学规律的三维体方向。最大水平主应力量值在 7.4~11.5MPa 之间。从北到南，随埋深变浅再变深，应力变小后又增大(见图6-11)。

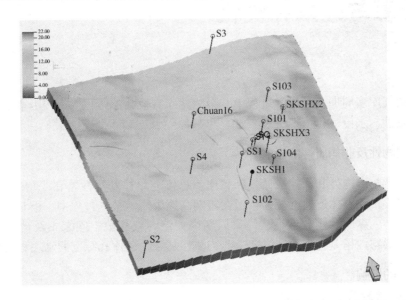

图6-11 气最大水平主应力分布

第七章
库容计算与注采井优化

在地下储气库多周期注采运行过程中，影响建库有效孔隙体积的主控因素主要包括储层物性及非均质性、水侵、应力敏感。

一、储层物性及非均质性的影响

升平储气库与国内外其他建成储气库相比，总体上存在着物性差和非均质性强的特点，尽管在开发阶段气藏整体连通性较强，但在短期高速大压差采气过程中，极有可能发生单井平面泄气半径小，纵向动用程度低，注采周期内大量含气孔隙空间来不及动用就转采或转注。因此，储层物性越差，平面及纵向上非均质性越强，建库孔隙空间动用程度就越低。

二、水侵的影响

升平储气库属于中强水驱气藏，水侵影响不可忽略，采气过程中毛管力为动力，加速气水界面向上移动，注气过程中毛管力为阻力，侵入水难以回退到原始气水界面以下，部分原始含气孔隙被净水侵量、束缚水和残余气占据，有效建库孔隙体积减小。

三、应力敏感的影响

储气库储层岩石受外应力和内应力的共同作用，当内外应力发生变化时，孔隙度和渗透率随之改变，岩石的这种性质称为应力敏感性。储气库多周期交变应力会导致储层应变疲劳，增加塑性形变量，导致有效孔隙体积减小。

四、各区带具体影响因素分析

建库前纯气带：主要考虑储层应力敏感的影响。

气驱水纯气带：主要考虑净水侵量、稳定运行束缚水和残余气、储层非均质性及应力敏感的影响。

气水过渡带：主要考虑净水侵量、稳定运行束缚水和残余气、储层非均质性及应力敏感的影响。

水淹带：主要考虑净水侵量、建库前束缚水和残余气、储层非均质性及应力敏感的影响。

水侵对建库有效孔隙体积的影响主要与不同区带储层物性及非均质性、净水侵量等相关，因此按气驱水纯气带、气水过渡带和水淹带逐一建立数学模型。应力敏感主要与储层岩石力学特性相关，与建库储层区带无关，因此将建库前纯气带、气驱水纯气带、气水渡带和水淹带统一考虑。

第一节　气体状态方程法

1. 库容参数模型 1 建立

气体状态方程：

$$pV = ZnRT \tag{7-1}$$

式中　p——压力，MPa；

　　　V——体积，m^3；

　　　T——温度，K；

　　　n——气体摩尔数，kmol；

　　　Z——气体偏差系数；

　　　R——通用气体常数，0.00831。

根据物质平衡原理，储气库最大库容量等于工作气量加上垫底气量，得出如下物质平衡方程：

$$n_{max} = n_{asc} + n_{min} \tag{7-2}$$

式中　n_{max}——最大库容量的气体摩尔数，kmol；

　　　n_{asc}——工作气量的摩尔数，kmol；

　　　n_{min}——垫底气量的摩尔数，kmol。

由式（7-1）和式（7-2）得到：

$$\frac{p_{max}V}{Z_{max}RT} = \frac{p_{sc}Q_{asc}}{Z_{sc}RT_{sc}} + \frac{p_{min}V}{Z_{min}RT} \tag{7-3}$$

由式（7-3）得到标准状况下储气库的工作气量

$$Q_{asc} = \frac{VZ_{sc}T_{sc}}{p_{sc}T}\left(\frac{p_{max}}{Z_{max}} - \frac{p_{min}}{Z_{min}}\right) \tag{7-4}$$

式中　V——储层的气体孔隙体积，m^3；

　　　Q_{asc}——储气库标准状况下的工作气量，m^3；

　　　p_{max}——储气库最大工作压力，MPa；

　　　p_{min}——储气库最小工作压力，MPa；

　　　p_{sc}——标准压力，MPa；

　　　T——储气库平均温度，K；

　　　T_{sc}——标准温度，K；

　　　Z_{max}——p_{max} 和 T 对应的天然气偏差系数；

　　　Z_{min}——p_{min} 和 T 对应的天然气偏差系数；

　　　Z_{sc}——标准状况下对应的天然气偏差系数。

对于不规则储层，储层的气体孔隙容积 V 可以用下式确定：

$$V = V_\phi S_g \tag{7-5}$$

对于规则储层，储层的气体孔隙容积 V 可以用下式确定：

$$V = V_r \phi S_g \qquad (7-6)$$

式中　ϕ ——储层的平均孔隙度，%；

　　　S_g ——储层的含气饱和度，%；

　　　V_r ——气水界面以上，储层岩石体积，m^3；

　　　V_ϕ ——气水界面以上，储层岩石孔隙体积，m^3。

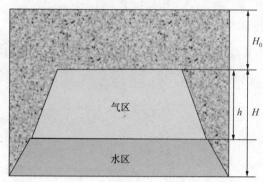

图 7-1　边底水气藏型储气库圈闭模型示意图

综合式（7-4）、式（7-5）和式（7-6）可以得到块状底水气藏型储气库（见图7-1）工作气量计算模型为：

$$Q_{asc} = V_\phi S_g \frac{Z_{sc} T_{sc}}{p_{sc} T}\left(\frac{p_{max}}{Z_{max}} - \frac{p_{min}}{Z_{min}}\right) \quad (7-7)$$

增压系数为储层最大工作压力与储层顶部的原始压力之比：

$$p_{max} = r p_0 \qquad (7-8)$$

建库过程中气水界面可能达到的最大深度为：

$$H = \frac{100}{\gamma_w}(p_{max} - p_0) \qquad (7-9)$$

式中　h ——从储层顶部算起的气水界面深度，m；

　　　H_0 ——储层顶部深度，m；

　　　H ——建库过程中气水界面可能达到的最大深度，m；

　　　p_0 ——储层顶部的原始压力，MPa；

　　　r ——增压系数；

　　　γ_w ——水的相对密度。

通过以上理论分析可以看出：随着下限压力的增加，储气库储层的气体孔隙容积增加，有效库容也随着增加；另一方面，随着下限压力的增加，储气库垫底气量也增加，而工作气量是有效库容与垫底气量之差，作为两个增量之差的工作气量应有一个最大值 Q_{asc}^0 存在。对应的气水界面深度就是工作气量最大的气水界面深度 H_0，气水界面深度 H_0 对应的储层最小压力就是工作气量最大的储气库最小工作压力 p_{min}^0。下限压力与有效容量、垫底气量和气水界面深度关系见图7-2。

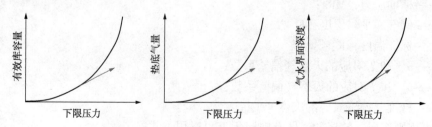

图 7-2　下限压力与有效库容量、垫底气量和气水界面深度关系

最大工作气量为：

$$Q_{\mathrm{asc}}^0 = V_\phi^0 S_{\mathrm{g}} \frac{Z_{\mathrm{sc}} T_{\mathrm{sc}}}{p_{\mathrm{sc}} T^0} \left(\frac{p_{\max}}{Z_{\max}} - \frac{p_{\min}^0}{Z_{\min}^0} \right) \tag{7-10}$$

工作气量最大的最大库容量 Q_{maxsc}^0 为：

$$Q_{\mathrm{maxsc}}^0 = V_\phi^0 S_{\mathrm{g}} \frac{Z_{\mathrm{sc}} T_{\mathrm{sc}}}{p_{\mathrm{sc}} T^0} \frac{p_{\max}}{Z_{\max}} \tag{7-11}$$

工作气量最大的垫底气量 Q_{minsc}^0 为：

$$Q_{\mathrm{minsc}}^0 = V_\phi^0 S_{\mathrm{g}} \frac{Z_{\mathrm{sc}} T_{\mathrm{sc}}}{p_{\mathrm{sc}} T^0} \frac{p_{\min}^0}{Z_{\min}^0} \tag{7-12}$$

2. 库容参数模型1解法

采用上面库容参数模型循环求解多个工作气量，从中求得最大工作气量以及对应的气水界面深度，然后求得工作气量最大的储气库最小工作压力、储气库内平均温度、最大库容量、垫底气量、工作气量与垫底气量之比、工作气量与最大库容量之比等参数，求解流程图7-3。

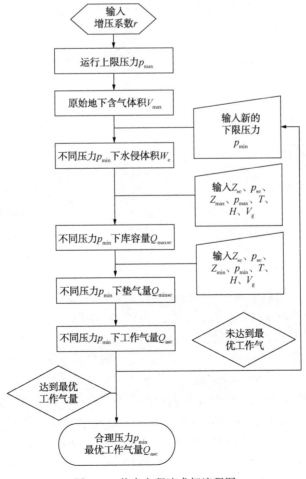

图7-3 状态方程法求解流程图

3. 库容参数模型1计算结果

储气库原始地层压力为32MPa，为保证储气库原始密封性不被破坏，增压系数取1，则储气库运行上限压力为32MPa，井口外输压力12MPa，下限压力变化步长取1MPa，则下限压力循环范围可从31MPa逐渐递减到12MPa。储气库原始地下气体体积5791.44×10⁴m³，不同下限压力与水侵量函数关系为：

$$y = 10.524x^2 - 721.87x + 12299 \tag{7-13}$$

根据式(7-10)、式(7-11)、式(7-12)和式(7-13)，得到不同下限地层压力与水侵量、垫底气量、有效库容量和工作气量关系曲线(见图7-4~图7-7)。

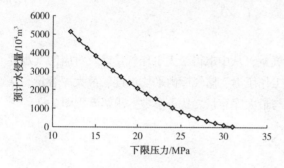

图7-4　不同下限压力与水侵量关系曲线

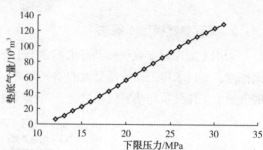

图7-5　不同下限压力与垫底气量关系曲线

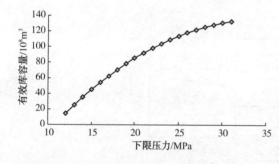

图7-6　不同下限压力与有效库容量关系曲线

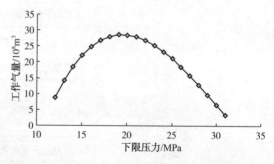

图7-7　不同下限压力与工作气量关系曲线

从图中可以看出：随着下限压力降低，水侵量逐渐增加，下限压力从31MPa逐渐下降至12MPa，水侵量从34.59×10⁴m³逐渐增加至5152.02×10⁴m³；随着下限压力降低，垫底气量逐渐减少，下限压力从31MPa逐渐下降至12MPa，垫底气量从129.27×10⁸m³逐渐下降至5.98×10⁸m³；随着下限压力降低，有效库容量逐渐减少，下限压力从31MPa逐渐下降至12MPa，有效库容量从132.56×10⁸m³逐渐下降至14.72×10⁸m³；工作气量作为有效库容量与垫底气量之差，并不随下限压力降低而单调增加或单调减小，而表现为先增加后减小，说明工作气量存在一个最大值。计算结果表明：下限压力从31MPa逐渐降低至12MPa过程中，工作气量先是从3.29×10⁸m³逐渐增加至28.58×10⁸m³，后又逐渐降低至8.74×10⁸m³，即该模型预测升平储气库具备最大工作气量为28.58×10⁸m³，此最大工作气量对应的下限压力为19MPa，对应的有效库容量为78.49×10⁸m³，对应的有效垫底气量为49.91×10⁸m³。

第二节 物质平衡法

随着气藏开发储集层压力逐步降低，边底水侵入原始含气储集层，气水界面逐步升高，改建储气库后，注气驱替侵入的边底水，气水界面回落，并最终稳定在设计的储气库运行压力区间内。此过程中，依据气水界面将原始含气储集层分为3个流体区：水淹区、过渡带和纯气区(见图7-8)。

水淹区是储气库运行中一直保持水淹状态的原始含气储集层，过渡带是储气库运行至上限压力时被气占据、运行至下限压力时被水占据的原始含气储集层，纯气区为处于气藏开发阶段或有水侵但改建储气库后随着注采运行没有经历第2次水侵的原始含气储集层。

改建储气库后，自由气及库存气体主要储存在纯气区和过渡带，储气库有效孔隙体积、气藏原始含气孔隙体积、岩石和束缚水变形体积以及水淹区、过渡带、纯气区损失的原始含气孔隙体积之间满足如下物质平衡方程：

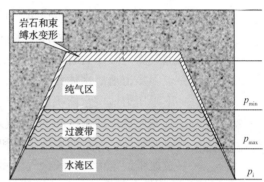

图7-8 储气库交替注采后三区域模型

$$V_{gm} = V_{gi} - \Delta V_1 - \Delta V_2 - \Delta V_3 - \Delta V_4 - \Delta V_5 \tag{7-14}$$

式中 V_{gm} ——储气库有效含气孔隙体积，m^3；

V_{gi} ——储气库原始含气孔隙体积，m^3；

ΔV_1 ——水淹区损失的原始含气孔隙体积，m^3；

ΔV_2 ——过渡带损失的原始含气孔隙体积，m^3；

ΔV_3 ——纯气区损失的原始含气孔隙体积，m^3；

ΔV_4 ——岩石应力敏感减小体积，m^3；

ΔV_5 ——岩石和束缚水变形体积，m^3。

水淹区损失的原始含气孔隙体积：由于边底水侵入后，该区域储层原始含气孔隙完全被地层水和残余气占据，在多周期注采运行过程中含水饱和度和残余气饱和度基本不变。不可动含气孔隙体积主要由地层水和残余气构成，关系式为：

$$\Delta V_1 = (W_{emax} - W_{pmax}B_{wmax}) \frac{1 - S_{wc}}{1 - S_{wc} - S_{gr}} \tag{7-15}$$

式中 W_{emax} ——储气库上限压力时水侵量，m^3；

W_{pmax} ——储气库上限压力时累计产水量，m^3；

B_{wmax} ——上限压力地层水体积系数；

S_{wc} ——气藏原始束缚水饱和度(由气水互驱实验得到)，%；

S_{gr} ——气藏开发结束时残余气饱和度，%。

过渡带损失的原始含气孔隙体积：由于边底水侵入后，原始含气孔隙由地层水和残余气占据，在多周期注采运行过程中一直保持气水互驱状态，残余气饱和度、含水饱和度和含气饱和度逐步趋于平稳，形成一定工作气量规模。不可动含气孔隙体积主要由地下储气库达到稳定运行状态时新增的束缚水和残余气构成，关系式为：

$$\Delta V_2 = \left[(W_{emin} - W_{pmin}B_{wmin}) - (W_{emax} - W_{pmax}B_{wmax}) \right] \frac{S_{wct} - S_{wc} + S_{grt}}{1 - S_{wc} - S_{gr}} \qquad (7-16)$$

式中　W_{emin} ——储气库下限压力时水侵量，m^3；

　　　W_{emax} ——储气库上限压力时水侵量，m^3；

　　　W_{pmin} ——储气库下限压力时累计产水量，m^3；

　　　W_{pmax} ——储气库上限压力时累计产水量，m^3；

　　　B_{wmax} ——上限压力地层水体积系数；

　　　B_{wmin} ——下限压力地层水体积系数；

　　　S_{wc} ——气藏原始束缚水饱和度（由气水互驱实验得到），%；

　　　S_{wct} ——过渡带稳定运行的束缚水饱和度，%；

　　　S_{grt} ——过渡带稳定运行的残余气饱和度，%。

　　纯气区损失的原始含气孔隙体积：该区域原始含气孔隙体积被地层水和残余气占据，经过多周期注采运行后，以采气携液和注气驱替方式排出，不可动孔隙体积主要由束缚水饱和度减小和残余气饱和度增加引起，关系式为：

$$\Delta V_3 = \left[(W_{econ} - W_{pcon}B_{wcon}) - (W_{emin} - W_{pmin}B_{wmin}) \right] \frac{S_{grcon} - (S_{wc} - S_{wccon})}{1 - S_{wc} - S_{gr}} \qquad (7-17)$$

式中　W_{econ} ——建库前气藏水侵量，m^3；

　　　W_{pcon} ——建库前气藏产水量，m^3；

　　　W_{emin} ——储气库下限压力时水侵量，m^3；

　　　W_{pmin} ——储气库下限压力时累计产水量，m^3；

　　　B_{wcon} ——建库前地层水体积系数；

　　　B_{wmin} ——下限压力地层水体积系数；

　　　S_{wccon} ——纯气区稳定运行的束缚水饱和度，%；

　　　S_{grcon} ——纯气区稳定运行的残余气饱和度，%。

　　应力敏感损失的原始含气孔隙体积：气藏降压开发和地下储气库多周期往复注采运行过程中，储层岩石发生弹性形变和塑性形变引起孔隙体积改变。不可动含气孔隙体积主要由塑性形变引起，关系式为：

$$\Delta V_4 = \left(1 - \frac{\phi_{pmin}}{\phi_i} \right) \times G_i B_{gi} \qquad (7-18)$$

式中　ϕ_{pmin} ——储气库下限压力时岩石孔隙度，%；

　　　ϕ_i ——原始气藏条件下岩石孔隙度，%；

　　　G_i ——气藏原始地质储量，m^3；

　　　B_{gi} ——原始天然气体积系数，m^3。

　　岩石和束缚水变形体积：注气周期，地层压力逐步增加，束缚水压缩，孔隙体积增加，储气空间增大；采气周期，随着地层压力逐步降低，束缚水膨胀，孔隙体积减小，储气空间减小。因此在多周期注采过程中，有效含气孔隙体积随地层压力变化而变化，关系式为：

$$\Delta V_5 = \left[\frac{C_w S_{wi} + C_f}{1 - S_{wi}}(p_{max} - p_{min}) \right] \times G_i B_{gi} \tag{7-19}$$

式中 C_w ——地层水压缩系数，MPa^{-1}；

C_f ——岩石压缩系数，MPa^{-1}；

S_{wi} ——气藏开发初始含水饱和度，%；

p_{max} ——储气库上限压力，MPa；

p_{min} ——储气库下限压力，MPa；

G_i ——气藏原始地质储量，m^3；

B_{gi} ——原始天然气体积系数，m^3。

库容参数主要包括库容量、垫气量及工作气量，科学设计库容参数对合理确定建库规模具有重要意义。

库容量即地下储气库运行到上限压力时的有效库存量，因此给定地下储气库运行上限压力后，利用建立的预测模型即可得到库容量 Q_{maxsc}：

$$Q_{maxsc} = V_{gm} \frac{Z_{sc} T_{sc}}{p_{sc} T} \frac{p_{max}}{Z_{max}} \tag{7-20}$$

垫气量即地下储气库运行到下限压力时的有效库存量，因此给定地下储气库运行下限压力后，利用建立的预测模型即可得到垫气量 Q_{minsc}：

$$Q_{minsc} = V_{gm} \frac{Z_{sc} T_{sc}}{p_{sc} T} \frac{p_{min}}{Z_{min}} \tag{7-21}$$

工作气量大小等于库容量与垫气量之差，计算模型为：

$$Q_{asc} = V_{gm} \frac{Z_{sc} T_{sc}}{p_{sc} T} \left(\frac{p_{max}}{Z_{max}} - \frac{p_{min}}{Z_{min}} \right) \tag{7-22}$$

采用上面库容参数模型首先确定某一个上限工作压力 p_{max}、下限工作压力 p_{min} 对应的水侵量 W_{emax}、W_{emin}，根据上限压力水侵量 W_{emax}、累积产水量 W_{pmax}、上限压力地层水体积系数 B_{wmax}、原始束缚水饱和度 S_{wc}、开发结束时残余气饱和度 S_{gr} 确定出该下限压力对应的水淹区损失含气孔隙体积 ΔV；根据上限压力水侵量 W_{emax}、累积产水量 W_{pmax}、下限压力水侵量 W_{emin}、累积产水量 W_{pmin}、过渡带稳定运行束缚水饱和度 S_{wct}、过渡带稳定运行的残余气饱和度 S_{grt}、原始束缚水饱和度 S_{wc}、开发结束时残余气饱和度 S_{gr}、上限压力地层水体积系数 B_{wmax}、下限压力地层水体积系数 B_{wmin} 确定出该下限压力对应的过渡带损失含气孔隙体积 ΔV；根据建库前气藏水侵量 W_{econ}、累积产水量 W_{pcon}、下限压力水侵量 W_{emin}、累积产水量 W_{pmin}、纯气区稳定运行的束缚水饱和度 S_{wccon}、纯气区稳定运行的残余气饱和度 S_{grcon}、原始束缚水饱和度 S_{wc}、开发结束时残余气饱和度 S_{gr}、建库前地层水体积系数 B_{wcon}、下限压力地层水体积系数 B_{wmin} 确定出该下限压力对应的纯气区损失含气孔隙体积 ΔV；根据原始气藏条件下岩石孔隙度 ϕ_i、下限压力时岩石孔隙度 ϕ_{pmin}、气藏原始地下储量 G_i、原始天然

气体积系数 B_{gi} 确定出该下限压力对应的应力敏感损失的原始含气孔隙体积 ΔV；根据地层水压缩系数 C_w、岩石压缩系数 C_f、气藏开发初始含水饱和度 S_{wi}、储气库上限压力 p_{max}、储气库下限压力 p_{min}、气藏原始地质储量 G_i、原始天然气体积系数 B_{gi} 确定出该下限压力对应的岩石和束缚水变形体积 ΔV；然后根据剩余有效含气孔隙体积求取有效库容量 Q_{maxsc}、垫底气量 Q_{minsc}、工作气量 Q_{asc}，进而再选定下一个不同的下限压力，循环求解对应的工作气量，最终得到不同的工作气量，从中选出最大工作气量，具体解法流程见图7-9。

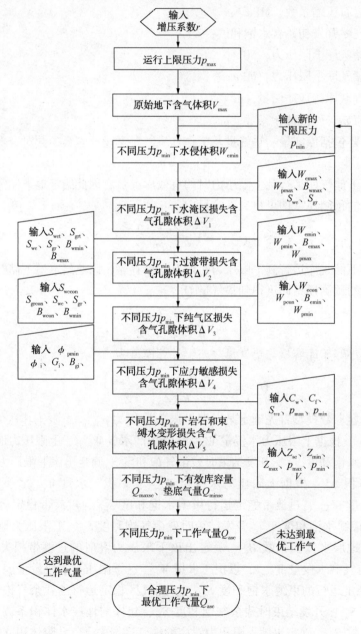

图7-9　三区带物质平衡法求解流程图

储气库原始地层压力为32MPa，为保证储气库原始密封性不被破坏，增压系数取1，则储气库运行上限压力为32MPa，井口外输压力12MPa，下限压力变化步长取1MPa，则下限压力循环范围可从31MPa逐渐递减到12MPa。气藏原始含气饱和度0.6，气藏原始束缚水饱和度0.4，气藏开发结束时残余气饱和度0.2，过渡带稳定运行束缚水饱和度0.5，过渡带稳定运行残余气饱和度0.25，纯气区稳定运行束缚水饱和度0.25，纯气区稳定运行残余气饱和度0.22。

根据式(7-14)～式(7-22)得到不同下限地层压力与水侵量、有效库容量、垫底气量和工作气量关系曲线(见图7-10～图7-13)。

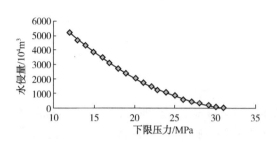

图7-10　不同下限压力与水侵量关系曲线

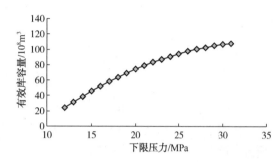

图7-11　不同下限压力与有效库容量关系曲线

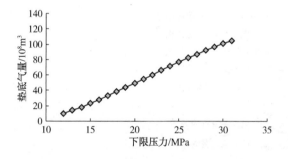

图7-12　不同下限压力与垫底气量关系曲线

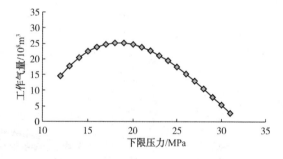

图7-13　不同下限压力与工作气量关系曲线

从图7-10～图7-13可以看出：随着下限压力降低，水侵量逐渐增加，下限压力从31MPa逐渐下降至12MPa，水侵量从$34.59\times10^4m^3$逐渐增加至$5152.02\times10^4m^3$；随着下限压力降低，垫底气量逐渐减少，下限压力从31MPa逐渐下降至12MPa，垫底气量从$105.15\times10^8m^3$逐渐下降至$9.92\times10^8m^3$；随着下限压力降低，有效库容量逐渐减少，下限压力从31MPa逐渐下降至12MPa，有效库容量从$107.83\times10^8m^3$逐渐下降至$24.43\times10^8m^3$；工作气量作为有效库容量与垫底气量之差，并不随下限压力降低而单调增加或单调减小，而表现为先增加后减小，说明工作气量存在一个最大值。计算结果表明：下限压力从31MPa逐渐降低至12MPa过程中，工作气量先是从$2.68\times10^8m^3$逐渐增加至$25.19\times10^8m^3$，后又逐渐降低至$14.5\times10^8m^3$，这表明该模型预测升深2-1储气库具备最大工作气量为$25.19\times10^8m^3$，此最大工作气量对应的下限压力为18MPa，对应的有效库容量为$63.66\times10^8m^3$，对应的有效垫底气量为$38.47\times10^8m^3$。

由图7-14不同下限压力对应的孔隙空间利用率和损失率可知：随着下限压力降低，孔隙空间利用率逐渐降低，孔隙空间损失率逐渐增加，二者的平衡点对应的下限压力正好介于18~19MPa，即下限压力选18MPa是合理的。

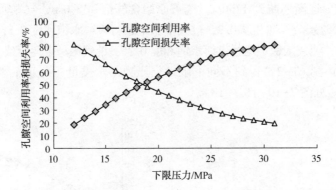

图7-14　不同下限压力孔隙空间利用率和损失率

由图7-15不同区带和不同因素导致含气孔隙体积损失量来看：过渡带损失的含气孔隙体积占比最大，纯气区损失的含气孔隙体积次之，岩石和束缚水膨胀损失再次之，应力敏感导致的含气孔隙体积损失占比最小。且随着下限压力的降低，过渡带区间越来越大，过渡带损失的含气孔隙体积越来越大，纯气区间越来越小，纯气区损失的含气孔隙体积占比反而减小。

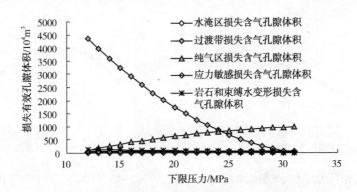

图7-15　不同下限压力孔隙空间利用率和损失率

对比上述两种库容参数模型，第一种状态方程法库容参数模型对水侵影响考虑得相对简单，没有细分交替注采形成的三种不同区带不同的水侵效应，也没有考虑应力敏感和岩石与束缚水的弹性膨胀效应，因此计算结果较为乐观，库容和工作气量都偏高一些。而第二种三区带物质平衡法库容参数模型则较为全面的考虑了不同区带的水侵效应，也考虑了应力敏感以及岩石和束缚水的膨胀效应，计算结果可靠性较高。

第三节　注采井网优化方法

一、合理井数设计

根据库容参数模型2得到最大工作气量25.19×10^{8}m^3，储气库运行压力区间为18~32MPa，根据该压力区间内不同地层压力对应注采能力变化范围，即可确定合理注采井数。根据流入流出节点法求得在储气库运行压力区间内，Ⅰ类直井在井口压力 12MPa 条件下，最大采出能力介于 $(5\sim29)\times10^4\,\text{m}^3/\text{d}$，平均采出能力 $16.5\times10^4\,\text{m}^3/\text{d}$（见图 7-16）；Ⅲ类直井在井口压力 12MPa 条件下，最大采出能力介于 $(3\sim19)\times10^4\,\text{m}^3/\text{d}$，平均采出能力 $10.75\times10^4\,\text{m}^3/\text{d}$（见图 7-16）。水平井见水前在井口压力 12MPa 条件下，最大采出能力介于 $(20\sim115)\times10^4\,\text{m}^3/\text{d}$，平均 $68.63\times10^4\,\text{m}^3/\text{d}$，见水后在井口压力 12MPa 条件下，最大采出能力介于 $(7\sim48)\times10^4\,\text{m}^3/\text{d}$，平均 $27\times10^4\,\text{m}^3/\text{d}$（见图 7-17）。若全部采用直井，根据大庆地区储气库注采周期特点，采出时间约为 172 天，工作气量为 $25.19\times10^8\,\text{m}^3$，平均日采出气量为 $1464.53\times10^4\,\text{m}^3/\text{d}$，Ⅰ类直井平均采出能力为 $16.5\times10^4\,\text{m}^3/\text{d}$，则需Ⅰ类直井 89 口，Ⅲ类直井平均采出能力为 $10.75\times10^4\,\text{m}^3/\text{d}$，则需Ⅲ类直井 136 口，水平井平均采出能力 $68.63\times10^4\,\text{m}^3/\text{d}$，则需水平井 21 口。

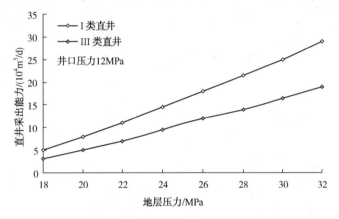

图 7-16　储气库运行压力区间内Ⅰ、Ⅲ类直井最大采出能力变化

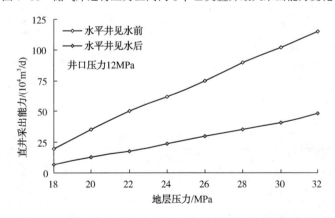

图 7-17　储气库运行压力区间内水平井最大采出能力变化

根据流入流出节点法求得在储气库运行压力区间内，Ⅰ类直井在井口压力 30MPa 条件下，最大注入能力介于 $(10\sim33)\times10^4\,\text{m}^3/\text{d}$，平均注入能力 $22.63\times10^4\,\text{m}^3/\text{d}$（见图 7-18）；Ⅲ类直井在井口压力 30MPa 条件下，最大注入能力介于 $(7\sim21)\times10^4\,\text{m}^3/\text{d}$，平均注入能力 $14.94\times10^4\,\text{m}^3/\text{d}$（见图 7-18）。水平井见水前在井口压力 30MPa 条件下，最大注入能力介于 $(35\sim125)\times10^4\,\text{m}^3/\text{d}$，平均 $85.63\times10^4\,\text{m}^3/\text{d}$，见水后在井口压力 30MPa 条件下，最大注入能力介于 $(15\sim51)\times10^4\,\text{m}^3/\text{d}$，平均 $35.5\times10^4\,\text{m}^3/\text{d}$（见图 7-19）。若全部采用直井，根据大庆地区储

气库注采周期特点，注入时间约为 153 天，按回采率 95% 考虑，注入气量为 $26.52×10^8 m^3$，平均日注入气量为 $1733.06×10^4 m^3/d$，Ⅰ类直井平均注入能力为 $22.63×10^4 m^3/d$，则需Ⅰ类直井 77 口，Ⅲ类直井平均注入能力为 $14.94×10^4 m^3/d$，则需Ⅲ类直井 116 口，水平井平均注入能力 $85.63×10^4 m^3/d$，则需水平井 20 口（见表 7-1）。

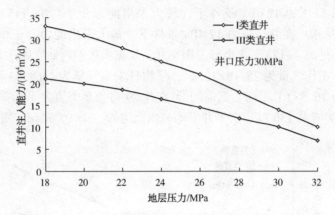

图 7-18 储气库运行压力区间内Ⅰ、Ⅲ类直井最大注入能力变化

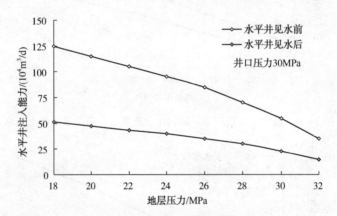

图 7-19 储气库运行压力区间内水平井最大注入能力变化

表 7-1 水平井合理井数范围设计

工作气量/ $10^8 m^3$	采出时间/ 天	平均日采出量/ $10^4 m^3$	Ⅰ类直井平均采出能力/ $10^4 m^3$	全部为Ⅰ类直井数/口	Ⅲ类直井平均采出能力/ $10^4 m^3$	全部为Ⅲ类直井数/口	水平井见水前平均采出能力/ $10^4 m^3$	全部为水平井数/口	水平井见水后平均采出能力/ $10^4 m^3$	全部为水平井数/口
25.19	172	1464.53	16.5	89	10.75	136	68.63	21	27	54
注入气量/ $10^8 m^3$	注入时间/ 天	平均日注入量/ $10^4 m^3$	Ⅰ类直井平均注入能力/ $10^4 m^3$	全部为Ⅰ类直井数/口	Ⅲ类直井平均注入能力/ $10^4 m^3$	全部为Ⅲ类直井数/口	水平井见水前平均注入能力/ $10^4 m^3$	全部为水平井数/口	水平井见水后平均注入能力/ $10^4 m^3$	全部为水平井数/口
26.52	153	1733.06	22.63	77	14.94	116	85.63	20	35.5	49

二、井网优选

1. 理想模型方案设计

以上述气藏工程方法确定的合理工作气量为基础开展多方案数值模拟，模拟不同井型和井网交替注采效果和可行性，从而进一步优选出可行性较高的方案。为了对比不同井型注采效果，分别设计了三大类共 26 套不同井型和井型组合方案，分别为 A 系列全直井方案，B系列全水平井方案以及 C 系列直井与水平井相结合方案。由于方案数量较多，为了提高模拟效率，实行真实模型与简化模型相结合的模式进行方案模拟对比与优选，其中 A 系列设计 8 套方案(含 2 套实际模型方案 A11、A31)，B 系列设计 9 套方案(含 2 套实际模型方案 B12、B21)，C 系列设计 9 套方案(含 2 套实际模型方案 C13、C22)。

A 系列全直井方案共设计了 8 套，方案号分别为 A11、A21、A22、A23、A31、A32、A33 和 A41(见表 7-2)。其中 A11 方案注采井数为 131 口，直井日均注入量 $10 \times 10^4 m^3/d$，日均采出量 $8.9 \times 10^4 m^3/d$，工作气量 $20.04 \times 10^8 m^3$。A21、A22、A23 方案注采井数分别为 88口、109 口和 131 口，直井日均注入量均为 $15 \times 10^4 m^3/d$，日均采出量均为 $13.34 \times 10^4 m^3/d$，工作气量分别为 $20.2 \times 10^8 m^3$、$25.02 \times 10^8 m^3$ 和 $30.06 \times 10^8 m^3$。A31、A32 和 A33 方案注采井数分别为 66 口、82 口和 99 口，直井日均注入量均为 $20 \times 10^4 m^3/d$，日均采出量均为 $17.79 \times 10^4 m^3/d$，工作气量分别为 $20.2 \times 10^8 m^3$、$25.09 \times 10^8 m^3$ 和 $30.29 \times 10^8 m^3$。A41 方案注采井数为 79 口，直井日均注入量为 $25 \times 10^4 m^3/d$，日均采出量为 $22.24 \times 10^4 m^3/d$，工作气量为 $30.22 \times 10^8 m^3$。

表 7-2　全直井注采方案设计汇总表

方案编号	井型设计	直井注采井数/口	直井平均日注入量/$10^4 m^3$	注入时间/天	工作气量/$10^8 m^3$	采出时间/天	直井平均日采出量/$10^4 m^3$
A11	直井	131	10	153	20.04	172	8.90
A21	直井	88	15	153	20.20	172	13.34
A22	直井	109	15	153	25.02	172	13.34
A23	直井	131	15	153	30.06	172	13.34
A31	直井	66	20	153	20.20	172	17.79
A32	直井	82	20	153	25.09	172	17.79
A33	直井	99	20	153	30.29	172	17.79
A41	直井	79	25	153	30.22	172	22.24

B 系列全水平井方案共设计了 9 套，方案号分别为 B11、B12、B13、B21、B22、B23、B31、B32 和 B33(见表 7-3)。其中 B11、B12 和 B13 方案注采井数分别为 33 口、41 口、50口，水平井日均注入量均为 $40 \times 10^4 m^3/d$，日均采出量均为 $35.58 \times 10^4 m^3/d$，工作气量分别为 $20.2 \times 10^8 m^3$、$25.09 \times 10^8 m^3$ 和 $30.6 \times 10^8 m^3$。B21、B22 和 B23 方案注采井数分别为 22 口、28 口和 33 口，水平井日均注入量均为 $60 \times 10^4 m^3/d$，日均采出量均为 $53.37 \times 10^4 m^3/d$，工作气量分别为 $20.2 \times 10^8 m^3$、$25.7 \times 10^8 m^3$ 和 $30.29 \times 10^8 m^3$。B31、B32 和 B33 方案注采井数分别

为 17 口、21 口和 25 口，水平井日均注入量均为 $80 \times 10^4 m^3/d$，日均采出量均为 $71.16 \times 10^4 m^3/d$，工作气量分别为 $20.81 \times 10^8 m^3$、$25.7 \times 10^8 m^3$ 和 $30.6 \times 10^8 m^3$。

表 7-3　全水平井注采方案设计汇总表

方案编号	井型设计	水平井注采井数/口	水平井平均日注入量/$10^4 m^3$	注入时间/天	工作气量/$10^8 m^3$	采出时间/天	水平井平均日采出量/$10^4 m^3$
B11	水平井	33	40	153	20.20	172	35.58
B12	水平井	41	40	153	25.09	172	35.58
B13	水平井	50	40	153	30.60	172	35.58
B21	水平井	22	60	153	20.20	172	53.37
B22	水平井	28	60	153	25.70	172	53.37
B23	水平井	33	60	153	30.29	172	53.37
B31	水平井	17	80	153	20.81	172	71.16
B32	水平井	21	80	153	25.70	172	71.16
B33	水平井	25	80	153	30.60	172	71.16

C 系列直井与水平井混合型方案共设计了 9 套，方案号分别为 C11、C12、C13、C21、C22、C23、C31、C32 和 C41（见表 7-4）。其中 C11、C12 和 C13 方案注采井数分别为 47 口（直井 19 口+水平井 28 口）、54 口（直井 21 口+水平井 33 口）和 65 口（直井 25 口+水平井 40 口），直井日均注入量分别为 $10 \times 10^4 m^3/d$，$15 \times 10^4 m^3/d$ 和 $15 \times 10^4 m^3/d$，水平井日均注入量均为 $40 \times 10^4 m^3/d$，直井日均采出量分别为 $8.9 \times 10^4 m^3/d$ 和 $13.34 \times 10^4 m^3/d$，水平井日均采出量均为 $35.58 \times 10^4 m^3/d$，工作气量分别为 $20.04 \times 10^8 m^3$、$25.02 \times 10^8 m^3$ 和 $30.22 \times 10^8 m^3$。C21、C22 和 C23 方案注采井数分别为 34 口（直井 14 口+水平井 18 口）、43 口（直井 21 口+水平井 22 口）和 50 口（直井 23 口+水平井 27 口）直井日均注入量均为 $15 \times 10^4 m^3/d$，水平井日均注入均为 $60 \times 10^4 m^3/d$，直井日均采出量均为 $13.34 \times 10^4 m^3/d$，水平井日均采出量均为 $53.37 \times 10^4 m^3/d$，工作气量分别为 $20.2 \times 10^8 m^3$、$25.02 \times 10^8 m^3$ 和 $30.06 \times 10^8 m^3$。C31 和 C32 方案注采井数分别为 42 口（22 口直井+20 口水平井）和 43 口（15 口直井+28 口水平井），直井日均注入量均为 $20 \times 10^4 m^3/d$，水平井日均注入量均为 $60 \times 10^4 m^3/d$，直井日均采出量均为 $17.79 \times 10^4 m^3/d$，水平井日均采出量均为 $53.37 \times 10^4 m^3/d$，工作气量分别为 $25.09 \times 10^8 m^3$ 和 $30.29 \times 10^8 m^3$。C41 方案注采井数为 33 口（直井 11 口+水平井 22 口），直井日均注入量为 $20 \times 10^4 m^3/d$，水平井日均注入量为 $80 \times 10^4 m^3/d$，直井日均采出量为 $17.79 \times 10^4 m^3/d$，水平井日均采出量为 $71.16 \times 10^4 m^3/d$，工作气量为 $30.29 \times 10^8 m^3$。

表 7-4　水平井+直井注采方案设计汇总表

方案编号	井型设计	直井注采井数/口	水平井注采井数/口	直井平均日注入量/$10^4 m^3$	水平井平均日注入量/$10^4 m^3$	注入时间/天	工作气量/$10^8 m^3$	采出时间/天	直井平均日采出量/$10^4 m^3$	水平井平均日采出量/$10^4 m^3$
C11	直井+水平井	19	28	10	40	153	20.04	172	8.90	35.58
C12	直井+水平井	21	33	15	40	153	25.02	172	13.34	35.58

续表

方案编号	井型设计	直井注采井数/口	水平井注采井数/口	直井平均日注入量/$10^4 m^3$	水平井平均日注入量/$10^4 m^3$	注入时间/天	工作气量/$10^8 m^3$	采出时间/天	直井平均日采出量/$10^4 m^3$	水平井平均日采出量/$10^4 m^3$
C13	直井+水平井	25	40	15	40	153	30.22	172	13.34	35.58
C21	直井+水平井	16	18	15	60	153	20.20	172	13.34	53.37
C22	直井+水平井	21	22	15	60	153	25.02	172	13.34	53.37
C23	直井+水平井	23	27	15	60	153	30.06	172	13.34	53.37
C31	直井+水平井	22	20	20	60	153	25.09	172	17.79	53.37
C32	直井+水平井	15	28	20	60	153	30.29	172	17.79	53.37
C41	直井+水平井	11	22	20	80	153	30.29	172	17.79	71.16

2. 理想模型方案模拟结果与分析

1）总库存量与气区库存量和水区库存量、运行压力区间

方案模拟结果表明：A、B、C 三系列方案总库存量随着交替注采次数增加基本保持不变（见图7-20～图7-22）。A 系列方案总库容量介于（120.85～131.79）×$10^8 m^3$，总垫底气量介于（100.79～101.81）×$10^8 m^3$；B 系列方案总库容量介于（120.67～131.41）×$10^8 m^3$，总垫底气量介于（100.47～100.84）×$10^8 m^3$；C 系列方案总库容量介于（120.93～131.95）×$10^8 m^3$，总垫底气量介于（100.89～101.94）×$10^8 m^3$。

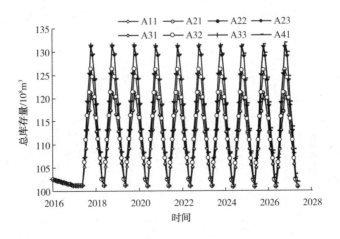

图7-20 A 系列方案总库存量变化曲线

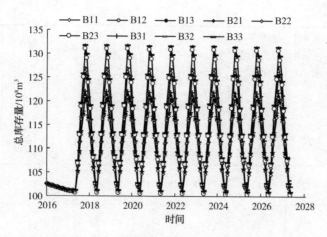

图 7-21 B 系列方案总库存量变化曲线

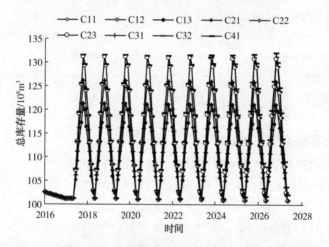

图 7-22 C 系列方案总库存量变化曲线

A、B、C 三系列方案可动库存量随着注采次数增加逐渐减小(见图 7-23~图 7-25)。A 系列方案可动库容量介于$(109.11\sim114.87)\times10^8\mathrm{m}^3$，B 系列方案有效库容量介于$(109.5\sim113.7)\times10^8\mathrm{m}^3$，C 方案有效库容量介于$(110.4\sim114.13)\times10^8\mathrm{m}^3$。

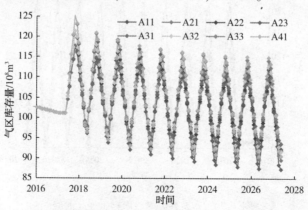

图 7-23 A 系列方案气区库存量变化曲线

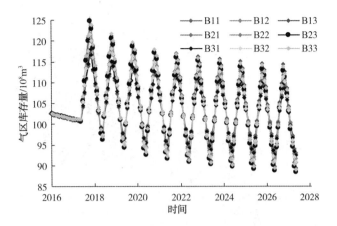

图 7-24 B 系列方案气区库存量变化曲线

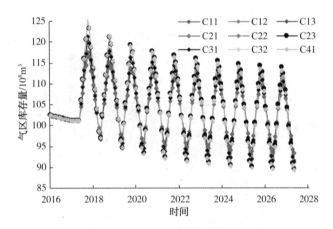

图 7-25 C 系列方案气区库存量变化曲线

A、B、C 三系列方案不可动库存量随着注采次数增加逐渐增大（见图 7-26~图 7-28）。A 系列方案不可动库容量介于 $(7.30 \sim 11.26) \times 10^8 m^3$，B 系列方案不可动库容量介于 $(7.50 \sim 11.82) \times 10^8 m^3$，C 方案不可动库容量介于 $(7.5 \sim 12.6) \times 10^8 m^3$。

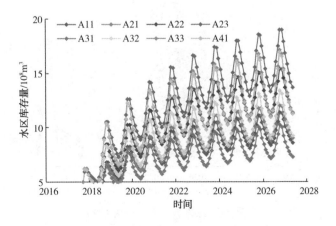

图 7-26 A 系列方案水区库存量变化曲线

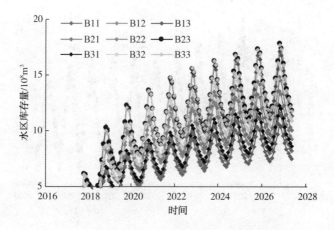

图 7-27　B 系列方案不可动库存量变化曲线

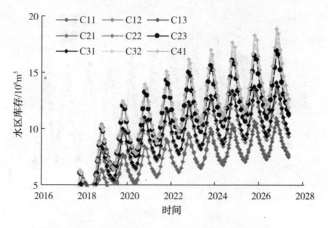

图 7-28　C 系列方案不可动库存量变化曲线

A、B、C 三系列方案运行压力区间基本一致，与工作气量相关(见图 7-29~图 7-31)。工作气量为 $20×10^8m^3$ 时对应运行压力区间为 27.7~32.5MPa；工作气量为 $25×10^8m^3$ 时对应运行压力区间为 27.7~33.7MPa；工作气量为 $30×10^8m^3$ 时，对应运行压力区间为 27.7~35MPa。

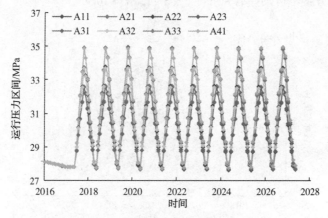

图 7-29　A 系列方案运行压力区间

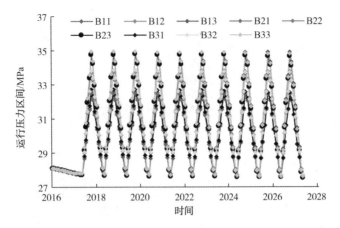

图 7-30　B 系列方案运行压力区间

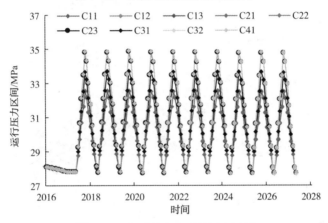

图 7-31　C 系列方案运行压力区间

2）气区含气孔隙体积与水侵量、产水量

方案模拟结果表明：A、B、C 三系列方案采出末气区含气孔隙体积随着注采次数增加逐渐减小（见图 7-32～图 7-34）。A 系列方案采出末气区含气孔隙体积介于 $4918.85 \times 10^4 \sim 5223.01 \times 10^4 \mathrm{m}^3$。B 系列方案采出末气区含气孔隙体积介于 $4996.06 \times 10^4 \sim 5205.54 \times 10^4 \mathrm{m}^3$。C 系列方案采出末气区含气孔隙体积介于 $4994.23 \times 10^4 \sim 5209.48 \times 10^4 \mathrm{m}^3$。

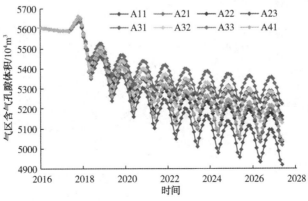

图 7-32　A 系列方案气区含气孔隙体积变化曲线

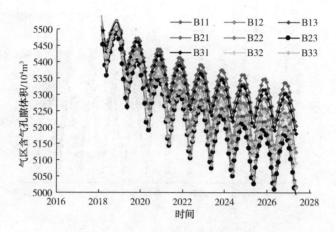

图7-33　B系列方案气区含气孔隙体积变化曲线

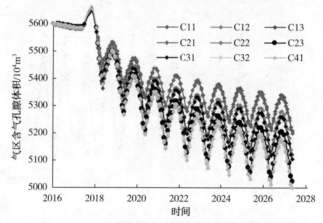

图7-34　C系列方案气区含气孔隙体积变化曲线

A、B、C三系列方案采出末水侵量随着注采次数增加逐渐增大，工作气量越大，水侵量越大(见图7-35~图7-37)。A系列方案采出末水侵量介于$508.92 \times 10^4 \sim 797.92 \times 10^4 \mathrm{m}^3$。B系列方案采出末水侵量介于$524.82 \times 10^4 \sim 723.34 \times 10^4 \mathrm{m}^3$。C系列方案采出末水侵量介于$521.62 \times 10^4 \sim 725.76 \times 10^4 \mathrm{m}^3$。

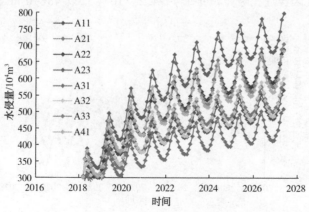

图7-35　A系列方案水侵量变化曲线

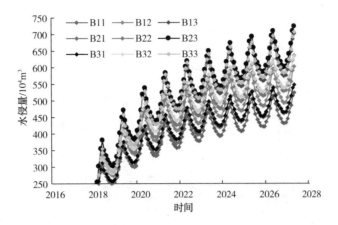

图 7-36 B 系列方案水侵量变化曲线

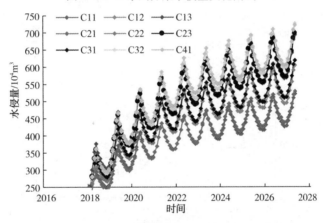

图 7-37 C 系列方案水侵量变化曲线

A、B、C 三系列方案采出末产水量随注采次数增加逐渐增大，单井注采规模和工作气量越大，产水量越大(见图 7-38~图 7-40)。A 系列方案采出末期产水量介于 0~51.36m³/d，B 方案采出末期产水量介于 0.04~1155.79m³/d，C 方案采出末期产水量介于 0.07~1197.65m³/d。

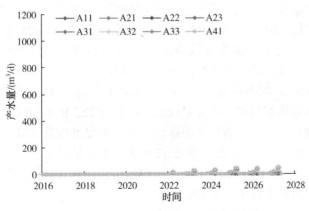

图 7-38 A 系列方案产水量变化曲线

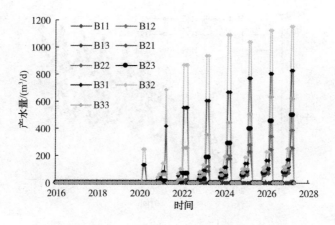

图7-39　B系列方案产水量变化曲线

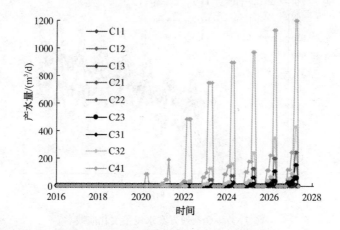

图7-40　C系列方案产水量变化曲线

3）理想模型方案模拟结果汇总与对比

工作气量为$20×10^8m^3$的方案有8套，A31、C11、C21和B11方案气区库存量较高，水区库存量较低，气区含气孔隙体积较高，水侵量较低；B21、B31、A11和A21方案气区库存量较低，水区库存量较高，气区含气孔隙体积较低，水侵量较高。其中A31方案效果最优，C11方案效果次优，B11、B21、B31和A11方案效果中等，A21方案效果最差。A31方案井数较多为66口直井，C11方案井数为47口（19口直井+28口水平井）。两套方案预测产水量均较小。A31方案预测产水量要高于C11方案（见表7-5~表7-7）。

工作气量为$25×10^8m^3$的方案有8套，C12、A32和B12方案气区库存量较高，水区库存量较低，气区含气孔隙体积较高，水侵量较低；C31、C22、B22、B32和A22方案气区库存量较低，水区库存量较高，气区含气孔隙体积较低，水侵量较高。其中C12方案效果最优，A32方案效果次优，B12、C31、C22、B22和B32方案效果中等，A22方案效果最差。C12方案井数为54口（21口直井+33口水平井），A32方案为82口直井。两套方案预测产水量均较小，A32方案预测产水量要高于C12方案。

工作气量为$30×10^8m^3$的方案有10套，C13、B13、A33和A41方案气区库存量较高，水区库存量较低，气区含气孔隙体积较高，水侵量较低；C23、C32、B23、B33、A23 和 C41 方案气区库存量较低，水区库存量较高，气区含气孔隙体积较低，水侵量较高。其中 C13 方案效果最优，B13 方案效果次优，A33、A41、C23、C32、B23 和 B33 方案效果中等，A23 和 C41 方案效果最差。C13 方案井数为 65 口（25 口直井+40 口水平井），B13 方案井数为 50 口水平井。

最后从产水效果来看，B31、B32、B33 和 C41 方案产水量特别高，产水量介于624.12~1197.65m³/d，从单井压力注入压力来看，B31、B32、B33 和 C41 方案井底注入的最高压力已高达 42~45MPa，超过了盖层的密封承压下限 40MPa，给盖层密封性带来了严重隐患，不难看出，方案产水量过高以及井底注入压力过高主要是因为这些方案水平井注采规模均达到 $80\times10^4m^3/d$，由此可见，水平井注采规模为 $80\times10^4m^3/d$ 的方案可行性较低，应首先予以排除。

表 7-5　A 系列方案模拟结果汇总

方案编号	A11	A21	A22	A23	A31	A32	A33	A41
工作气量/10^8m^3	20.05	20.19	25.01	30.05	20.20	25.06	30.24	29.98
总库容量/10^8m^3	120.85	121.13	125.91	130.93	121.10	125.97	131.14	131.79
总垫底气量/10^8m^3	100.79	100.94	100.90	100.89	100.90	100.91	100.91	101.81
注入末气区库存量/10^8m^3	109.47	109.11	110.48	111.90	110.87	112.59	114.01	114.87
采出末气区库存量/10^8m^3	92.20	91.92	89.61	87.20	93.61	91.68	89.50	90.55
注入末水区库存量/10^8m^3	11.38	12.03	15.43	19.03	10.23	13.38	17.13	16.92
采出末水区库存量/10^8m^3	8.59	9.02	11.29	13.68	7.30	9.22	11.41	11.26
注入末气区含气孔隙体积/10^4m^3	5287.35	5264.12	5179.86	5093.59	5354.19	5284.44	5199.98	5216.75
采出末气区含气孔隙体积/10^4m^3	5164.29	5143.82	5032.69	4918.85	5223.01	5127.34	5017.57	5041.81
注入末水侵量/10^4m^3	480.25	502.96	591.20	681.73	416.35	490.63	579.51	564.38
采出末水侵量/10^4m^3	564.42	584.09	689.67	797.92	508.92	599.92	704.29	682.70
运行上限压力/MPa	32.54	32.61	33.74	34.91	32.52	33.65	34.83	34.97
运行下限压力/MPa	27.66	27.70	27.67	27.65	27.73	27.72	27.72	27.92
采出末产水量/(m³/d)	0.00	0.00	0.00	5.89	7.28	26.84	47.70	51.36

表 7-6　B 系列方案模拟结果汇总

方案编号	B11	B12	B13	B21	B22	B23	B31	B32	B33
工作气量/10^8m^3	20.20	25.09	30.60	20.20	25.70	30.29	20.74	25.43	30.57

方案编号	B11	B12	B13	B21	B22	B23	B31	B32	B33
总库容量/10^8m^3	120.67	125.94	131.38	121.10	126.54	130.65	121.79	127.35	131.41
总垫底气量/10^8m^3	100.47	100.85	100.79	100.90	100.84	100.36	101.05	101.92	100.84
注入末气区库存量/10^8m^3	110.08	112.37	114.25	109.49	111.72	112.82	109.51	111.37	113.68
采出末气区库存量/10^8m^3	92.97	91.59	89.44	92.69	90.80	88.48	92.38	90.97	89.02
注入末水区库存量/10^8m^3	10.59	13.56	17.14	11.61	14.83	17.83	12.28	15.98	17.73
采出末水区库存量/10^8m^3	7.50	9.26	11.35	8.21	10.04	11.87	8.67	10.95	11.82
注入末气区含气孔隙体积/10^4m^3	5334.68	5276.85	5201.15	5303.92	5242.23	5173.42	5302.13	5233.25	5192.22
采出末气区含气孔隙体积/10^4m^3	5205.54	5123.41	5019.74	5180.73	5089.58	4996.06	5181.34	5090.93	5013.87
注入末水侵量/10^4m^3	434.40	497.97	578.81	464.28	531.80	603.91	466.15	540.23	586.72
采出末水侵量/10^4m^3	524.82	603.51	702.11	548.77	635.26	723.34	547.55	634.26	707.00
运行上限压力/MPa	32.42	33.64	34.89	32.49	33.74	34.66	32.53	33.72	34.79
运行下限压力/MPa	27.64	27.72	27.70	27.70	27.67	27.53	27.60	27.72	27.60
采出末产水量/(m^3/d)	0.04	8.99	1.84	258.00	388.62	505.61	826.51	1155.79	624.12

表7-7　C系列方案模拟结果汇总

方案编号	C11	C12	C13	C21	C22	C23	C31	C32	C41
工作气量/10^8m^3	20.04	25.01	30.22	20.19	25.01	30.06	25.09	30.29	30.01
总库容量/10^8m^3	120.93	125.87	131.02	121.11	125.87	130.86	125.94	131.08	131.95
总垫底气量/10^8m^3	100.89	100.86	100.80	100.91	100.86	100.80	100.85	100.79	101.94
注入末气区库存量/10^8m^3	110.36	112.34	114.13	110.18	111.75	113.95	111.90	113.16	113.08
采出末气区库存量/10^8m^3	93.37	91.59	89.66	93.20	91.19	89.52	91.24	88.92	89.29
注入末水区库存量/10^8m^3	10.57	13.53	16.88	10.92	14.12	16.92	14.04	17.92	18.87
采出末水区库存量/10^8m^3	7.52	9.27	11.14	7.71	9.67	11.28	9.61	11.87	12.65
注入末气区含气孔隙体积/10^4m^3	5339.95	5278.04	5207.89	5327.89	5257.78	5203.69	5260.16	5176.45	5170.90
采出末气区含气孔隙体积/10^4m^3	5209.48	5122.53	5028.28	5201.42	5105.71	5023.75	5106.56	4994.23	4998.98
注入末水侵量/10^4m^3	429.84	496.74	571.81	441.51	516.02	575.48	513.82	601.95	607.47
采出末水侵量/10^4m^3	521.62	604.32	693.95	529.41	620.13	698.34	619.49	725.76	722.00
运行上限压力/MPa	32.48	33.62	34.80	32.52	33.61	34.77	33.64	34.78	34.82
运行下限压力/MPa	27.74	27.73	27.71	27.73	27.70	27.70	27.71	27.67	27.77
采出末产水量/(m^3/d)	0.07	1.60	10.31	67.53	247.26	57.28	156.73	428.56	1197.65

3. 实际模型方案设计与模拟

1）实际模型方案设计

实际模型方案设置了不同工作气量和井型的 6 套方案（见表 7-8），其中方案一和方案二均为直井方案，设计工作气量均为 $20\times10^8\mathrm{m}^3$，设计注采井数分别为 131 口和 66 口，单井设计注采规模分别为 $10\times10^4\mathrm{m}^3/\mathrm{d}$ 和 $20\times10^4\mathrm{m}^3/\mathrm{d}$。

表 7-8　实际模型方案设计汇总表

方案编号	方案一	方案二	方案三	方案四	方案五		方案六	
注采井型	直井	直井	水平井	水平井	水平井	直井	水平井	直井
注采井数/口	131	66	41	22	40	25	21	25
设计单井注采规模/$10^4\mathrm{m}^3$/d	10	20	40	60	40	15	60	15
设计工作气量/$10^8\mathrm{m}^3$	20	20	25	20	30		25	

方案三和方案四均为水平井方案，设计工作气量分别为 $25\times10^8\mathrm{m}^3$ 和 $20\times10^8\mathrm{m}^3$，设计注采井数分别为 41 口和 22 口，单井设计注采规模分别为 $40\times10^4\mathrm{m}^3/\mathrm{d}$ 和 $60\times10^4\mathrm{m}^3/\mathrm{d}$。

方案五和方案六均为水平井+直井方案，设计工作气量分别为 $30\times10^8\mathrm{m}^3$ 和 $25\times10^8\mathrm{m}^3$，设计注采井数分别为水平井 40 口+直井 25 口和水平井 21 口+直井 25 口，单井设计注采规模分别为 $40\times10^4\mathrm{m}^3/\mathrm{d}+15\times10^4\mathrm{m}^3/\mathrm{d}$ 以及 $60\times10^4\mathrm{m}^3/\mathrm{d}+15\times10^4\mathrm{m}^3/\mathrm{d}$。

2）实际模型方案模拟结果汇总与对比

方案模拟结果表明：由于储层非均质性较强，储层整体物性偏低，除了方案二能够达到设计的 $20\times10^8\mathrm{m}^3$ 工作气量以外，其他方案均低于设计的工作气量 $2\times10^8\sim2.5\times10^8\mathrm{m}^3$。历经 10 个交替注采周期过程中，储气库总库存量、气区库存量、水区库存量、运行地层压力区间均表现为逐渐升高，注采规模越大，运行压力区间越大。

实际模型方案模拟结果汇总对比见图 7-41~图 7-48。

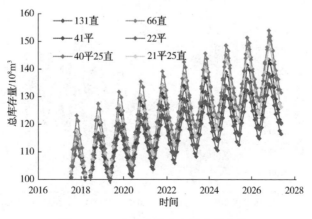

图 7-41　6 套方案总库存量变化曲线

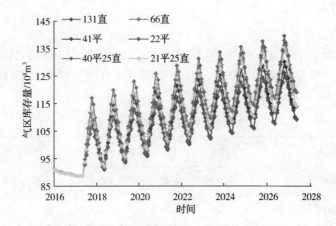

图 7-42 6 套方案气区库存量变化曲线

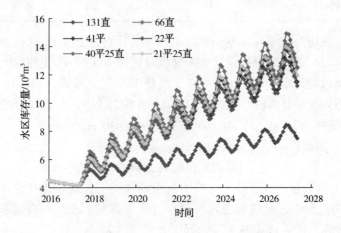

图 7-43 6 套方案水区库存量变化曲线

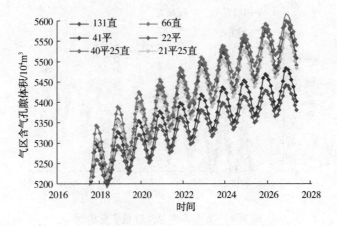

图 7-44 6 套方案气区含气孔隙体积变化曲线

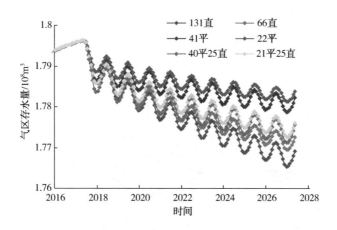

图 7-45 6 套方案气区存水量变化曲线

对比 6 套方案运行压力区间可以看出：方案二(66 口直井)和方案五(40 平+25 直)运行上限压力过高，10 个交替注采周期后，运行上限压力接近盖层封闭性下限压力 40MPa，储气库安全性较低，方案一(131 口直井)、方案三(41 口水平井)和方案六(21 平 25 直)运行上限压力相对较低一些，储气库安全性较高(见图 7-46)。

对比 6 套方案产水量可以看出：方案一(131 口直井)产水量最高，第一注采周期内最高产水超过 900m³/d，方案三(41 口水平井)和方案四(22 口水平井)产水量最低，方案二(66 口直井)、方案五(40 平 25 直)和方案六(21 平 25 直)产水量居中(见图 7-47)。

从实现工作气量高低及实现效果来看：方案三实现 $25 \times 10^8 m^3$ 工作气量的效果要好于方案六实现 $25 \times 10^8 m^3$ 工作气量的效果，表现为运行压力区间更安全，产水量更低。方案四实现 $20 \times 10^8 m^3$ 工作气量的效果要好于方案一和方案二，表现为运行压力区间更安全，产水量更低(见表 7-9)。

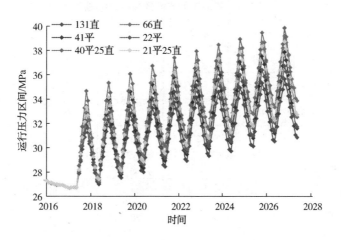

图 7-46 6 套方案运行压力区间变化曲线

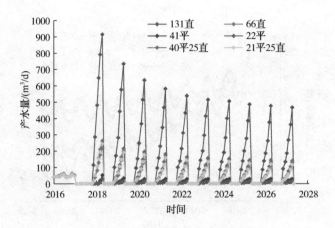

图 7-47 6 套方案日产水量变化曲线

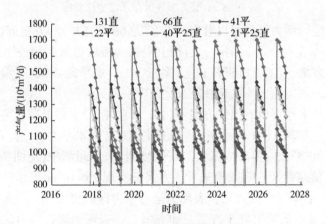

图 7-48 6 套方案日产气量变化曲线

表 7-9 实际模型方案模拟结果汇总表

方案编号	方案一	方案二	方案三	方案四	方案五	方案六
注采井型	直井	直井	水平井	水平井	水平井+直井	水平井+直井
注采井数/口	131	66	41	22	40 平+25 直	21 平+25 直
设计单井注采规模/(10^4m^3/d)	10	20	40	60	40+15	60+15
设计工作气量/10^8m^3	20	20	25	20	30	25
模拟达到工作气量/10^8m^3	17.77	20.06	23.03	18.22	27.69	22.56
总库容量/10^8m^3	134.47	151.62	143.49	138.40	153.95	148.76
总垫底气量/10^8m^3	116.70	131.56	120.46	120.17	126.27	126.19
注入末气区库存量/10^8m^3	126.17	137.85	130.27	125.75	139.56	135.22
采出末气区库存量/10^8m^3	109.21	119.10	108.99	108.97	113.78	114.26

续表

方案编号	方案一	方案二	方案三	方案四	方案五	方案六
注入末水区库存量/$10^8 m^3$	8.30	13.77	13.22	12.65	14.39	13.53
采出末水区库存量/$10^8 m^3$	7.48	12.46	11.47	11.20	12.49	11.94
注入末气区含气孔隙体积 $10^4 m^3$	5334.68	5276.85	5201.15	5303.92	5242.23	5173.42
采出末气区含气孔隙体积/$10^4 m^3$	5205.54	5123.41	5019.74	5180.73	5089.58	4996.06
注入末气区存水量/$10^8 m^3$	1.77	1.77	1.78	1.78	1.77	1.77
采出末气区存水量/$10^8 m^3$	1.77	1.77	1.78	1.78	1.78	1.78
一个周期内水侵量/$10^4 m^3$	19.79	14.73	20.13	13.36	25.65	18.62
运行上限压力/MPa	35.68	39.22	37.88	36.76	39.88	38.75
运行下限压力/MPa	30.89	33.88	31.61	31.75	32.54	32.73
采出末日产水量/(m^3/d)	466.50	127.13	28.49	12.21	139.18	115.56

第八章
地面工艺设计

本章主要介绍在天然气储存过程中储气库设备以及工艺优化设计。对储气库中的注采工艺、脱水方法和压缩机的选型进行详细的介绍，以及在这些过程中采用的研究方法也进行了简单介绍。

第一节　储气库地面工程特征

地面工程的注采工艺必须与所处地层的勘探、开发、监测和动态分析密切结合。地面工程设计必须以可靠的地质资料为依据，而地层情况需要在工程投产后，通过生产实践和对地层的监测、分析来检验和修正。储气层所能承受最大注气压力及最大库容量等基本参数需经过一定的注采周期才能确定，设计中必须充分考虑近期工程与远期工程的结合。

储气库具有大进大出、注采循环、气量波动大、运行压力高、使寿命长和投资高等特点。与常规气田产能建设相比，储气库地面建设存在以下特殊性：具有"周期性强采强注"的特点；设备、管线交替运行，部分设备需要满足双向流动的要求；运行参数变化范围大；注气压缩机性能要求高，在满足注气工况的同时，可能需要兼顾采气增压工况；运行高压的时间较长；使用寿命长，使用年限 30~50 年(见表 8-1)。

表 8-1　储气库与气田地面工程特点对比

对比内容	气田	储气库
运行方式/d	360(采气)	120(采气)、200(注气)
采气规模/($10^4 m^3/d$)	300	>1000
波动范围/%	80~120	40~200
站场设计压力/MPa	10~12(处理厂)	10~30(集注站)
注气系统	无	有

对比内容	气田	储气库
地面工程投资/10⁸元	7	110
设计寿命/年	15~20	30~50

第二节　注 采 流 程

一、采出工艺流程

天然气开采过程中，采取最优化的采气工艺技术措施，不断提高气井的产能。降低各种能量的消耗，达到预期的采气效率。天然气开采时，气流通过井筒上升到井口，经过井口的采气树，将其输送给天然气接收处理站，对天然气进行分离、处理、计量，由压缩机加压输送给用户。对于高含硫的天然气需要进行加工处理，除硫、除碳处理，达到商品天然气的质量标准后，将其输送至天然气输送管道，通过分输站，将其输送给用户。

储气库的采气工艺流程主要分为两种基本形式。

(1) 依靠地层压力将采出气输送到输气干线。井口气—井口注醇—节流调压—分离—计量—集气站—注采站净化脱水—外输。

(2) 依靠地层压力和外输压缩机增压将采出气输至输气干线。井口气—分离—计量—集气站—注采站净化脱水—增压外输。

这两种流程主要的差别在是否设置外输用压缩机。大多数情况下，最低采气压力高于外输所需压力时，可以不设置压缩机。当输气干线管压要求很高，并且需要回收采出气中的天然气凝液，且采用膨胀制冷时，应设压缩机(见图8-1)。

天然气井经过一定时间的开采后，会出现井下积液的状况，需要实施排水采气的技术措施，解决井下积液的影响，恢复气井的正常生产状态。泡沫排水采气工艺技术措施的应用，利用起泡剂的作用，将其输送到井下，与气井的积液混合后，形成丰富的泡沫，气体上升过程中，携带大量的气泡，将井下的积液开采到地面，解除积液的影响，提高气井的生产能力。优选最佳的起泡剂，以表面活性剂和聚合物为主，提高泡沫形成的速度，应用较少的药剂用量，达到最佳的排水采气的效果。

采出气如果不符合管输标准要求必须经过处理才能外输，处理主要方式是净化，根据实际情况来确定是不是要回收天然气凝液。由于注入地下的天然气来自输气干线，而干线中天然气在注入之前一般已经进行过凝液回收处理。因为枯竭气藏型储气库，在最开始的几个注采周期内，有原气藏中的气，因此采出气组分可能较多，但是会呈现减少趋势。应通过全面的经济和技术对比来确定是否专门设置凝液回收装置。而对于盐穴型储气库，在注采刚开始几个周期只会包含饱和的水蒸气而不需要凝液回收处理。对于未经深度处理的注入气或注入油田初期伴生气，采出气量大且重组分含量多，需要设置专门的凝液回收装置，比如采用膨胀机制冷，将采出气进行深冷分离。

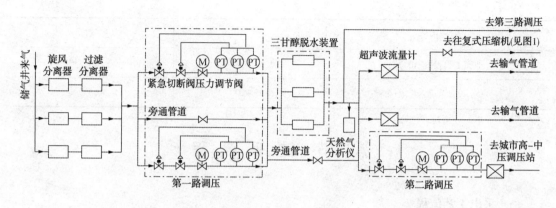

图 8-1　采气工艺流程

二、注气工艺流程

储气库的天然气是通过输气管道或者气井输入的，注采天然气过程中，按照储气库的容量要求，通过科学的管理，不断开发自动控制和管理系统，提高储气库管理的智能化水平。研制各种自动化的仪器仪表，将其应用于地下储气库系统，加强储气库的安全管理，对储气库的各项运行参数实施监测和管理，通过中控系统，实时监测储气库的状态。包括储气库的气体储量，注气量和采出气量。

为合理调峰提供帮助，保证天然气生产系统的平衡，达到气田生产的目标。在天然气注入储气库后，合理控制储气库的温度和压力，保证达到天然气储存的条件，防止形成天然气水合物，影响到天然气的质量。在管线调峰处理过程中，需要储气库的气量补充时，应用压缩机进行增压处理，使其达到输送管道的运行参数，满足管道输气的技术要求。

整个注气过程，核心是将上游输气系统输送来的天然气，净化压缩到所需要的压力，经过计量后分注到各井。注气压缩机是注气的主要设备，因为储气库周期性强采强注的特点，压缩机需要有很强的适应性以及可调节能力。此外注入的气体质量和成分应当符合要求，不能含有腐蚀性，以免污染气藏，降低产能，所以净化处理来气同样是注气过程中的重要程序。

气藏型储气库主要有两种注气工艺流程。

（1）靠注气压缩机增压注气。主要工艺流程：输气干线—计量—净化分离—压缩—冷却净化分离—配气单井计量—注入地下。

（2）靠输气干线的管压注气。主要工艺流程：输气干线—计量—净化分离—配气单井计量—注入地下。

储气库的天然气是通过输气管道或者气井输入的，注采天然气过程中，按照储气库的容量要求，通过科学的管理，不断开发自动控制和管理系统，提高储气库管理的智能化水平。研制各种自动化的仪器仪表，将其应用于地下储气库系统，加强储气库的安全管理，对储气库的各项运行参数实施监测和管理，通过中控系统，实时监测储气库的状态。包括储气库的气体储量，注气量和采出气量。为合理调峰提供帮助，保证天然气生产系统的平衡，达到气田生产的目标，注气工艺流程见图 8-2。

·126·

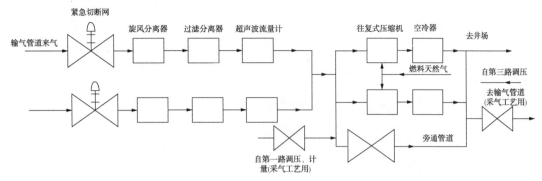

图 8-2　注气工艺流程

适合地下储气库工况要求的高出口压力、高压比、较高流量的压缩机主要有往复式和离心式两种。与离心式压缩机相比，往复式压缩机具有压力范围较大(从低压到高压都适用)、排气量变化范围大、适应性强、热效率较高、能耗低、大修可实现国产化等诸多优点，考虑注气压缩机出口压力高且波动范围大(16~24MPa)，但入口条件相对稳定，体积流量相对较小的工况，往复式压缩机从适应性、运行上都比离心式压缩机更能适合注气压缩机的操作条件。因此，注气压缩机选用往复式压缩机。

第三节　注采管网优选

一、注采管网设计

注采管线是指集注站至井场的管线。注气时，集注站增压后的天然气经注采管线输送至井口，经计量后注入地下储气库；采气时，天然气经井口节流阀，并计量后通过气井注采管线反向输送至集注站。

通过对不同注气、采气规模，不同集输距离下的注采管道投资对比，对注采管网的设置建议如下：对于中、小型储气库，且集输距离 20km 以内，注气规模小于 $1000 \times 10^4 m^3/d$ 或采气规模小于 $1500 \times 10^4 m^3/d$，注采管道宜合一设置；对于大型、超大型储气库，注采管道宜分开设置。

利用一体化模拟及优化系统技术，输入地面各部分管线及重要设备参数，根据历史数据及现场监控数据，可以对地面集输管网模型进行核实校正。按照预设集输系统的集输状况，通过优化计算得到水气比，进而获得日处理水量来确定管网的输送能力和临界参数；根据系统计算热传导系数，通过对管道模型的参数动态追踪，可以得到整个生产系统各节点的温度、压力、流量、水气比等生产动态参数。对整个地面技术管网进行特征分析，可以确定在当前生产条件下，各个节点水量变化、管网流动的保障性、管网一体化优化的运行方案(见图 8-3 和图 8-4)。

线路选择：线路走向选择有利地形，尽量与已有公路、土路等道路伴行，以利于管道的安全运行和巡线管理。线路避开城市规划区、村镇及工矿企业等，以减少拆迁工程量。无法避开时，应考虑途经地区的规划和发展，并与该地区的农田、水利、交通等工程规划协调一

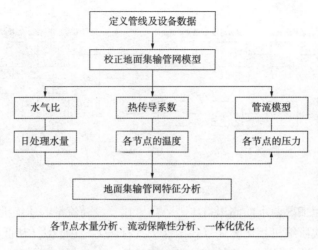

图 8-3   地面管网设计流程图

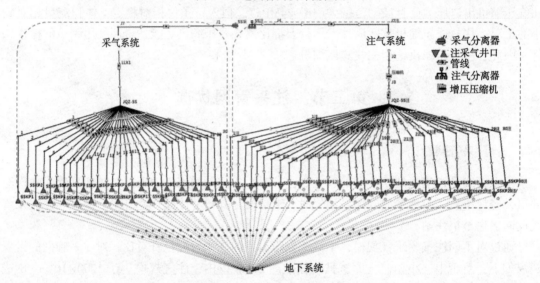

图 8-4   储气库地面管网

致；线路走向尽量避免通过人口稠密、人类活动频繁地区，在确保管道安全的同时，确保管道周边地区的安全。

管材选择：考虑压力、温度、介质特性、使用地区等因素，经技术经济比较后，确定输气管道所用的钢管、管道附件。

管道设置：针对各库不同特点，对集输管道的设置分别进行经济比选，尽量考虑注采管道合一设置，进而减少危险源。管道敷设：管道埋设深度执行 GB 50251—2003《输气管道工程设计规范》相关规定，结合管道途经地区冻土深度、介质输送温度和耕地等情况确定管道埋深。

标志桩设置：管道全线除顶管穿越公路、顶箱涵穿越铁路段外，均设置警示带；与地下构筑物交叉处，行政区分界处，穿越公路、铁路两侧设置标志桩和警示牌，以便维修和管理。管道存在潜在危害的地区，如靠近学校、城镇等人员密集区，沿线管道附近有挖土、挖沙可能性时，设置警示牌。管道靠近学校、城镇等人员密集区或易受到破坏的区域，隔 50m

设一个加密桩。管道沿线标志桩设置在满足设计要求的前提下，充分考虑不影响农田的耕种。

二、注采管网管材优选

为保证地下储气库井的安全运行，在进行管柱设计时必须保证以下几点：

(1)注采管柱的工作应力小于其屈服强度，设计时应乘以安全系数。

(2) 在长期交变荷载作用下，注采管柱不会产生疲劳破坏。

(3) 封隔器和油管接头处均有效密封。因此，在进行管柱选材时需要从管柱组合、管材接头和封隔器的等方面进行考虑。

1. 优选管柱组合

管柱的直径和壁厚等参数都会影响其力学行为，因此要根据实际工况选用合适管材，确定管材规格后再进行适当的管柱组合。且在进行管柱选用时，必须控制管柱的外径和壁厚等参数的准确性，如外径小于 114.3mm 的储气库注采管柱外径公差在 $-0.79 \sim 0.79$mm 之间，大于 114.3mm 的管柱外径公差应在 $+1\%D \sim -0.5\%D$ ；管柱不圆度小于等于 0.8%。

2. 优选封隔器

封隔器安装与否和长度等均会对管柱在注采气过程中的力学行为产生影响。目前所用的封隔器型号较多，不同的封隔器对管柱的作用方式不同，如 SAB-3 型封隔器会对管柱施加附加轴向力，而 HQL 类型封隔器则不会产生附加轴向力。

3. 优选管材接头

注采管柱的接头应选用气密封螺纹接头，螺纹及密封面表面应满足完整、连续性好等要求，且内径应平滑过渡，消除内径变化过快导致的紊流，上扣、入井要方便控制。储气库注采管柱的接头应通过 GB/T 21267 规定的 CAL IV 评价试验，同时应对管柱进行全尺寸气密性循环试验，确保接头不发生泄漏。

若注采管道分开设置，注气管道因输送常温干气，具有腐蚀性低、操作压力高的特点，可选用 L415、L450 等调质高强度无缝钢管，以有效降低管道壁厚，可节省投资约 8%。采气管道操作压力一般不小于 10MPa，当 CO_2 含量 3% 时，CO_2 分压大于 0.3MPa，有水时即为强腐蚀环境，且开井初期温度小于 $-30℃$，管材选择需要考虑耐腐蚀和耐低温，可选用 316L 双金属复合管或 L415、L450 等调质高强度无缝钢管 + 缓蚀剂方式。若注采管道合一设置，则管材选择遵循采气管道工况需求。

第四节　压缩机的选择

一、天然气储气库压缩天然气特点

注气压缩机是地下储气库的核心设备，其能耗在注采装置中占到 60% 以上。注气压缩机选型既要考虑地下储气库的库容及储气能力，又要结合长输管道供气能力及用户调峰需求。由于储气库注入气的供气量、供气压力的稳定性受季节、气温等影响很大，因此在注气压缩机选型上考虑了以下方面因素：

（1）气压缩机的连续、高效运转性和高度自控性；

（2）根据压缩机进出口压力、温度的要求，确定压缩机的最佳压力比、压缩级数及介质的冷却方式；

（3）压缩机的驱动方式。压缩机压力比及级数分配按最省功的原则，通过理论计算得到最佳压力比为2.1，压缩机级数为3；并且要求三级入口温度相等，采取了风冷式冷却方式。

二、储气库中压缩机的类型及比较

储气库所选用的压缩机主要分为往复式压缩机和离心压缩机。往复式压缩机适用于高压力、小流量，而离心式压缩机适用于低压力、大流量。当然在决定压缩机类型时，也要考虑到驱动机械的型式，因为驱动机的操作和过程条件与压缩机密切相关。

1. 往复式压缩机

往复式压缩机属于容积式压缩机，是使一定容积的气体顺序地吸入和排出封闭空间提高静压力的压缩机。曲轴带动连杆，连杆带动活塞，活塞做上下运动。活塞运动使气缸内的容积发生变化，当活塞向下运动的时候，汽缸容积增大，进气阀打开，排气阀关闭，空气被吸进来，完成进气过程；当活塞向上运动的时候，气缸容积减小，出气阀打开，进气阀关闭，完成压缩过程。通常活塞上有活塞环来密封气缸和活塞之间的间隙，气缸内有润滑油润滑活塞环。靠一个或几个作往复运动的活塞来改变压缩腔内部容积的容积式压缩机。往复式压缩机是通过作来回往复运动的活塞挤压气缸内的气体介质，使得气体具有一定的压力能，同时输出压缩气体驱动其他机械工作。

由于设计原理的关系，就决定了活塞压缩机的很多特点。比如运动部件多，有进气阀、排气阀、活塞、活塞环、连杆、曲轴、轴瓦等；比如受力不均衡，没有办法控制往复惯性力；比如需要多级压缩，结构复杂；再比如由于是往复运动，压缩空气不是连续排出、有脉动等。

2. 离心压缩机

离心式压缩机是通过叶轮对气体做功，在叶轮和扩压器的流道内，利用离心升压作用和降速扩压作用，将机械能转换为气体的压力能。离心式压缩机的运行原理相对简单，用于压缩气体的主要部件是高速旋转的叶轮和通流面积逐渐增大的扩压器。

离心式压缩机主要由转子和定子两部分组成，转子包括叶轮和轴，叶轮上有叶片、平衡盘和一部分轴封；定子的主体是气缸，还有扩压器、弯道、回流器、进气管、排气管等装置。电动机带动压缩机主轴叶轮转动，在离心力作用下，气体被甩到工作轮后面的扩压器中。而在工作轮中间形成稀薄地带，前面的气体从工作轮中间的进气部分进入叶轮，由于工作轮不断旋转，气体能连续不断地被甩出去，从而保持了气压机中气体的连续流动。气体因离心作用增加了压力，还可以很大的速度离开工作轮，气体经扩压器逐渐降低了速度，动能转变为静压能，进一步增加了压力。如果一个工作叶轮得到的压力还不够，可通过使多级叶轮串联起来工作的办法来达到对出口压力的要求。级间的串联通过弯通，回流器来实现。这就是离心式压缩机的工作原理。

目前我国储气库注气压缩机全部采用往复式压缩机组，而国外储气库基本采用离心式压缩机配置。与往复式压缩机相比，离心式压缩机具有投资低和运行维护简单等优点，优缺点对比见表8-2。

表8-2 往复式与离心式压缩机对比一览表

项目	往复式机组	离心式机组
优点	(1)机组效率高，压比大； (2)无喘振现象； (3)流量变化对效率的影响较小	(1)机组外形尺寸小，占地面积小，所需安装厂房空间较小； (2)运行摩擦易损件少，使用寿命长，日常维护工作量较小，维护费用低； (3)运行平稳，运行噪声较小
缺点	(1)外形尺寸大，占地面积大； (2)结构复杂，辅助设备多，活动部件多，日常维护工作量较大，维护费用较高； (3)机组运行振动较大，噪声大	(1)机组效率比往复式低，能耗费用高； (2)低输量时需防止喘振； (3)离心机对较大的压比适应性较差

鉴于这两种注气压缩机的优缺点，结合注气压缩机的运行特点——出口压力高且波动范围大，入口条件相对不稳定的情况，往复式压缩机从适应性、运行上调配性都比离心式压缩机更能适应注气压缩机的操作工况条件。

第五节 注采工艺中的脱水处理

在储气库注采过程中，井口采出的天然气，通常都被水蒸气所饱和，天然气会携带一部分的液态水。由于水分的存在，常会给储气系统带来以下的几种后果：降低天然气的热值，折损其商品的价值；降低管道的输气能力，产生不必要的能量消耗；在一定的条件下还会生成水合物，堵塞管路、设备，影响管道的连续平稳输气；加快 CO_2 以及 H_2S 酸性气体对管道的腐蚀等。因此有必要对天然气进行脱水处理，以满足下游输气管道的正常运行。在天然气的脱水中，由于通常用醇胺溶液脱除天然气中的酸气，因此天然气的脱水一般在脱酸之后进行。

一、传统脱水方法

传统脱水方法主要有三种：(1)溶剂吸收脱水法。利用甲醇、甘醇等液体物质对天然气中水有着很好的溶解能力，将其溶解从而脱除；(2)固体吸附脱水法。用硅胶、活性氧化铝、分子筛等固体物质比表面高、缝隙可以吸附大量的水分子而脱水，天然气的含水量可以降至 $1mL/m^3$；(3)低温冷凝法。通过天然气与水汽凝结为液体的性质，在一定的压力下降低水的温度，使水汽与重烃冷凝为液体，在利用两者之间的密度差以及互不相溶的特性进行重力分离，从而脱除其中的水分。本节将对前 2 种方法进行详细的介绍以及比较，从而可以根据条件选出最合适的脱水方法。

1. 溶剂吸收脱水法

在储气库的注采运输过程中，为保证天然气在管道的输送过程中不会形成水合物，广泛采用三甘醇脱水工艺。

三甘醇的主要脱水流程如图 8-5 所示。

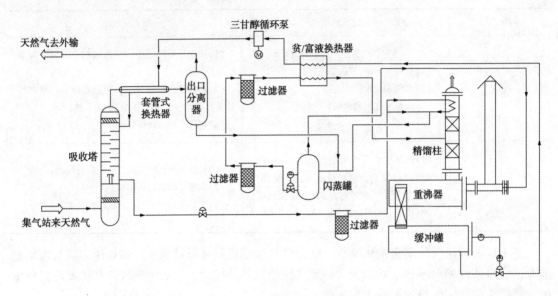

图 8-5 三甘醇脱水流程图

（1）湿天然气首先经过过滤分离器，过滤分离器的主要目的是分离油滴以及固体杂质，经过初次分离净化的天然气从吸收塔底部进入，天然气在底部上升与逆流而下的贫三甘醇溶液接触，并且充分接触作用后进行气体与液体之间的传质，经三甘醇脱水的天然气经过吸收塔顶部的捕雾器将气体携带出的大于 $5\mu m$ 的甘醇液滴除去后经塔顶部流出。

（2）由于甘醇溶液的温度过高会影响其脱水效果，因此初步脱除水分的干天然气经过吸收塔顶部在套管式的换热器内与贫甘醇溶液会进行热交换。在吸收塔的内部装有气膜控制阀，当吸收塔内的压力过高时，吸收塔两侧的流量调节阀会自动调节流量。

（3）吸收塔内的贫甘醇溶液自上而下经过各级塔板脱水，贫甘醇溶液的浓度增大成为富甘醇溶液进而可以循环再生，吸收塔内剩余的富甘醇溶液和部分的天然气进入闪蒸罐。

（4）富甘醇溶液经过闪蒸罐分离出富甘醇中的烃组分。再生塔塔顶的两端设置了旁通流量调节阀，可以控制富甘醇溶液的流量进入再生塔的流量，进而控制再生塔顶部的甘醇回流量。

（5）经过闪蒸罐的甘醇溶液从闪蒸罐的下部流出，再经过闪蒸罐下部的过滤布以及活性炭过滤分离器，将富甘醇溶液中直径大于 $5\mu m$ 的固体杂质以及溶解在富甘醇溶液中的重烃组分和三甘醇再生时的易发生降解物质脱除。

（6）经过过滤后的富甘醇溶液进入贫/富液换热器，与由再生后温度较高的贫甘醇溶液换热，升温后富甘醇溶液进入三甘醇再生塔再生。

（7）在三甘醇再生塔中，三甘醇中的烃组分以及水分分离出再生塔。

（8）重沸器中的贫甘醇溶液经过气液汽提器柱，在下部输入热干气对甘醇溶液进行汽提，进一步提高贫甘醇溶液的浓度。

（9）贫甘醇溶液在缓冲罐进入贫/富液换热器，与从闪蒸罐出来的温度较低的富甘醇溶液换热，降低温度后进入三甘醇循环泵，增压后进入套管式气液换热器与产品气换热降温后进入吸收塔。

目前三甘醇脱水虽然比较常用，但是存在效率低，能耗高等一系列问题，通过技术改进以及应用 HYSYS 自带优化器优化三甘醇脱水装置参数后，在再生塔的后面加设三相分离器，可以实现水、天然气以及共沸剂的有效分离，从而达到多从利用共沸剂的目的，经过改进后的共沸再生工艺，其中的烃类含量组分内的水分可以从原来的 0.1% 降到 0.01% 以下。此外，共沸再生脱水工艺流程得到的三甘醇贫液浓度较高，由于再生脱水工艺共沸剂不溶于水和三甘醇，因此在脱水工艺中的三甘醇贫液损失量更少，再生脱水工艺中的三甘醇贫液损失量约为传统三甘醇脱水工艺的 10%。

2. 固体吸附法脱水机

常见的固体吸附剂有三种，即利用活性氧化铝，分子筛以及硅胶作为吸附剂，吸收天然气中的液态水。由于固体表面对临近的液体分子存在吸引力，可捕捉临近的液体分子，这种现象称之为吸附。被吸附的液体称之为吸附质，吸附液体的这种物质称之为吸附剂。吸附原理根据表面作用力的不同，可分为物理吸附和化学吸附。物理吸附指的是物质之间依靠范德华力相互作用，当压力，温度改变的时候，吸附剂可以从所吸附的物质中脱离出来，进而实现可逆，这一过程称之为再生、活化或者吸附。化学吸附是物质之间依靠化学键的作用，形成新的物质并以单层物质的方式吸附在固体物质的表面，多数为不可逆过程，达到平衡的速度也比较慢。因此，一般采用固体干燥剂的物理吸附脱除天然气的水汽。

1. 活性氧化铝

活性氧化铝一般选用低铁的铝土矿石作为原料，经粉碎，烧碱熔融得到铝酸钠溶液，经过中和、浓缩、加入晶体后慢慢冷却结晶，将晶体滤出烘干，并在 $500\sim600℃$ 下烘烧，形成多孔、高吸附性能的活性氧化铝。

2. 硅胶

硅胶是用硅酸钠与硫酸反应生成水凝胶，然后洗去硫酸钠，将水凝剂制成粉状或者颗粒状的具有较大孔隙度的物质，也就是 $SiO_2 \cdot H_2O$。按孔隙度大小的不同，硅胶可分为细孔和粗孔两种。硅胶吸附剂吸附水的能力特别好，而且具有较高的化学稳定性和热稳定性。但是硅胶与液态水接触很容易炸裂，产生粉尘，增加压降，降低有效湿容量。

3. 分子筛

分子筛是以 AlO_3 与 SiO_2 为原料人工合成的一种无机吸附剂，它是晶体结构。分子筛中有很多孔隙，并且这些孔隙的直径相同整齐地排列相连，它只能吸附比自己直径小的分子。

根据 AlO_3 与 SiO_2 的配比不同，分子筛可分为 X 型和 A 型两类。A 型分子筛具有与沸石类似的简单立方体结构，所有的吸附过程均发生在晶体内部孔腔内，X 型分子筛为笼形四面体结构，能吸附所有能被 A 型分子筛吸附的分子，并且具有较高的容量。各类分子筛的 pH 值约为 10，在 pH 值为 5~12 范围内是稳定的。当处理 pH 值<5 的酸性天然气时，应采用抗酸分子筛。

分子筛表面具有较强的局部电荷，对极性分子和不饱和分子有很高的亲和力，是干燥气体和液体的优良吸附剂。同时，只有比分子筛孔径小的分子才能被吸附在晶体内部的孔腔内，因此可按物质分子的大小进行选择吸附。分子筛在低水汽分压、高气体线速度等苛刻的条件下保持较高的湿容量。因此，分子筛除价格较贵、再生温度较高外，尤其在高温下具有较其他吸附剂优越得多的高效吸附性外，其他吸附剂适用的条件分子筛也适用，其他气体温度高于 50℃；要从高 CO_2 含量的天然气中选择性的脱出水和硫分子的条件下可选用分子筛，比如，要求被干燥的天然气的露点降低于-73℃，气流中带有液态水等。

多级分子筛脱水流程见图 8-6。

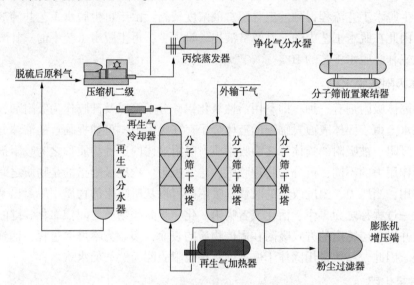

图 8-6 多级分子筛脱水流程示意图

一、新型脱水方法

1. 超音速脱水法

超音速脱水技术始于 1997 年，并在同年的 11 月份实现了实体装置的运行，并实现了天然气的成功脱水。而我国对于超音速脱水技术的研发相对较晚，但是也取得了一定的成就。我国学者基于超音速脱水的理论以及根据航天技术的空气动力学相关知识，掌握了实现天然气的超音速脱水技术，这个技术的主要核心是超音速分离器，在吸收扩张管的作用下，可以实现天然气中的压力和温度的急速下降，从而促使天然气中的水分凝结成比较小的液滴，使其脱离。由于超音速脱水可以实现膨胀机以及分离器为一体的部分功能，即使是在化学剂的作用下，也可以完全不受干扰，因此适用于比较复杂的环境中，具有较高的脱水效果，而且运行的成本比较低。在超音速脱水的过程中，不但可以实现有效的脱水，也可以对天然气的含硫成分有一定的脱除效果。我国目前的超音速脱水还处在发展阶段，比如在如何深入的脱水以及怎样减小使用压力方面。超音速脱水流程图见图 8-7。

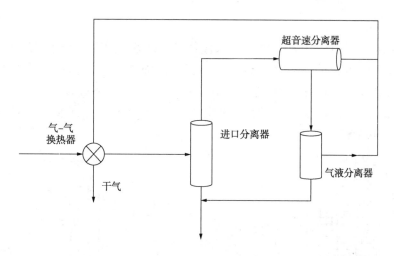

图 8-7　超音速脱水流程图

2. 膜分离脱水法

作为天然气脱水工艺中的创新方法之一，膜分离法主要是通过膜的可释放性机理来完成，从而利用各种成分的压力差、浓度差和电位差等实现膜分离的选择性渗透，最终达到组分分离的重要作用。通过对天然气中的主要成分进行分析，可以对天然气中的二氧化碳以及硫化氢等物质实现一定的分离效果，此种工艺的流程比较简单，而且可操作性强，安全系数较高。天然气膜分离技术脱水是天然气脱水中的创新方法。膜分离方法主要有三个阶段，分别是前处理阶段，模组块阶段以及后处理阶段。图 8-8 是膜分离脱水技术的主要流程图，其中最重要的是模组块阶段，模组块阶段主要由八个分离器组成，其中后处理阶段主要负责废气的回收利用以及负压的处理。此阶段的后者主要是利用水蒸气的压力差，实现膜的分离，从而脱水，而且在这个过程中可以防止液态水的凝结，提高脱水效率。

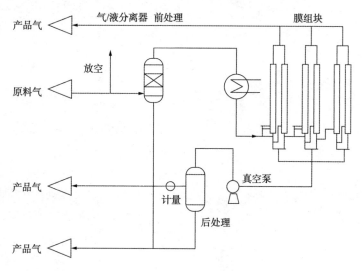

图 8-8　膜分离脱水流程图

3. 超重力脱水

超重力脱水是利用环状多孔的填料床代替三甘醇吸收塔，使气液在旋转的过程中充分接触，在液相高度分散，表面急速更新和相界面强烈扰动的情况下实现传热、传质，使反应过程得到强化，图8-9为超重力脱水原理图，旋转多孔床可以加大三甘醇溶液与天然气的接触面积，由于强大的离心作用，使气流与液体逆向接触，增大传质能量，降低了传质单位高度。

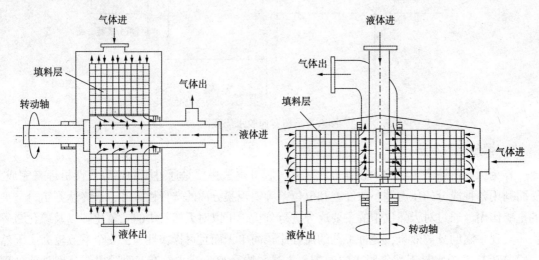

图 8-9　超重力脱水原理图

参 考 文 献

[1] 马新华，丁国生等.中国天然气地下储气库[M].北京：石油工业出版社，2018.

[2] 郑得文，王皆明等.气藏型储气库注采运行优化技术研究[M].北京：石油工业出版社，2018.

[3] 周学深，孟凡彬.大张佗地下储气库地面工程设计[J].天然气工业，2003，23（增）：139-142.

[4] 贺超，夏宏南.中国地下储气库现状[J].装备制造技术，2013，（8）：246-247.

[5] 张彦涛.枯竭油气藏地下储气库设计及模拟研究[D].北京：北京工业大学，2007.

[6] 方亮，高松.地下储气库注气系统节点分析方法研究[J].大庆石油地质与开发，2000，19（2）：27-29.

[7] 周士华.天然气地下储气库地面工程的工艺设计[J].石油规划设计，1994，5（4）：33-39.

[8] 郭慧军，张朝阳.储气库地面工程设计中节能技术的探讨[J].科技创新导报，2009（21）：80-82.

[9] 王宗军.综合评价的方法.问题及其研究趋势[J].管理科学学报，1998，1（1）：73-79.

[10] 杜栋，庞庆华.现代综合评价方法与案例精选[M].北京：清华大学出版社，2005.

[11] 杨伟，王雪亮，马成荣.国内外储气库现状及发展趋势[J].油气储运，2007，26（6）：15-19.

[12] 马惠芳.大张沱地下储气库数值模拟研究[D].北京：中国地质大学，2003.

[13] 华爱刚.天然气地下储气库[M].北京：石油工业出版社，1999.

[14] 展长虹.利用含水层建造地下储气库[J].天然气工业，2001，21（4）：88-291.

[15] 朱训.中国矿情（第三卷）[M].北京：科学出版社，1999.

[16] 赵平起.大张沱凝析气藏地下储气库配套技术研究[D].成都：成都理工学院，2001.

[17] 程远忠，陈振银，李国江等.大港油田板桥古潜山油气成藏条件讨论[J].江汉石油学院学报，2001，23（2）：80-82.

[18] 舒萍.大庆油田建设地下储气库设计研究[D].成都：西南石油大学，2005.

[19] 沙宗伦.喇嘛甸地下储气库技术及管理方法研究[D].大庆：大庆石油学院，2006.

[20] 陈学玲.京58气顶油藏改建储气库项目的风险管理研究[D].天津：河北工业大学，2008.

[21] 杨再葆，张香云，王建国，等.苏桥潜山地下储气库完井工艺配套技术研究[J].油气井测试，2012，21（6）：57-59.

[22] 李祥，张永忠，李久林.刘庄地下储气库刘9井封堵工艺技术[J].油气井测试，2008，

17(4): 58-60.

[23] 丁国生. 金坛盐穴地下储气库建库关键技术综述[J]. 天然气工业, 2007, 27(3): 111-113.

[24] 宋东勇, 郭海霞, 雷俊杰. 文96气藏储气库建设地质论证[J]. 内江科技, 2009, 30(6): 98-98.

[25] X. Liu K. W. Wirtz. a Multicriteria Hierarchical Discrimination[J]. Water Resour Manage, 2007, 21: 663-676.

[26] R. Glele Kakai, D. R. Pelz. Asymptotic Error Rate of Linear, Quadratic and Logistic Rules in Multi-Group Discriminant Analysis[J]. International Journal of Applied Mathematics and Statistics, 2010, 18(10): 69-81.

[27] Kim Fung Lam and Jane W: Moy. Improved Linear Programming Formulations for the Multi-Group Discriminant Problem[J]. the Journal of the Operational Research Society, 1996, 47(12): 1526-1529.

[28] Junmin Zhang and Xungai Wang. Objective Pilling Evaluation of Wool Fabrics[J]. Textile Research Journal, 2007, 77(12): 929-936.

[29] Katz D L, Tek M R. Overview on underground storage of natural gas[J]. Journal of Petroleum Technology, 1981, 33(6): 943-951.

[30] Underground storage of natural gas: theory and practice[M]. Springer Science&Business Media, 1989.

[31] Azin R, Nasiri A, Entezari J. Underground gas storage in a partially depleted gasreservoir[J]. Oil&Gas Science and Technology-Revue de 1'1FP, 2008, 63(6): 691-703.

[32] Zadeh LA Fuzzy sets. Information and Control, 1965, 8(3): 338-353.

[33] Saaty L. Modeling Unstructured Decision Problems: A Theory of Analytical Hierarchies. Proceedings of the First International Conference on Mathematical Modeling, 1977(1): 59-77.

[34] FRANK HEINZE. Report of working Commitee "UNDERGROUND STORA GE"[C]. 22th World Gas Conference, 2003: 21226.

[35] Juan Jos Rodriguez, Pedro Santistevan. Diadem Project-Underground Gas Storage in a Depleted Field, in Patagonia, Argentina[A]. SPE 69522.

[36] Yager R R. On theDispersion Measure of OWA Operators[J]. Information Sciences, 2009, 179: 3908-3919.

[37] 吴忠鹤, 贺宇. 地下储气库的功能和作用[J]. 天然气与石油, 2004, 22(2): 1-4.

[38] 丁国生, 李文阳. 国内外地下储气库现状与发展趋势[J]. 国际石油经济, 2002, 10(6): 23-26.